그렇게
몽땅 떠났습니다

그렇게 몽땅 떠났습니다 엄마가 떠나고 여행이 시작되었다

1판 1쇄 발행일 발행일 2020년 1월 10일
1판 3쇄 발행일 발행일 2020년 4월 15일
지은이 김지수 | **펴낸이** 김민희, 김준영
편집 김민희, 김준영 | **교정** 강민철
디자인 이유진 | **일러스트** 정지혜
영업 김영란
펴낸곳 두사람 | **등록** 2016년 2월 1일 제2016-000031호
팩스 02-6442-1718 | **메일** twopeople1718@gmail.com
주소 서울시 마포구 성미산로 57-6 302호
ISBN 979-11-90061-11-7 03980

두사람은 여행서 전문가가 만드는 여행 출판사, 여행 콘텐츠 그룹입니다.
독자들을 위한 쉽고 친절한 여행서, 클라이언트를 위한 맞춤 여행 콘텐츠와 서비스를 제공합니다.

이 도서의 국립중앙도서관 출판예정도서목록(CIP)은 서지정보유통지원시스템 홈페이지 (http://seoji.nl.go.kr)와 국가자료종합목록 구축시스템(http://kolis-net.nl.go.kr)에서 이용하실 수 있습니다. (CIP제어번호: CIP2019052073)

엄마가 떠나고 여행이 시작되었다

그렇게
몽땅 떠났습니다

글·사진 김지수

두사람

목차

프롤로그

남자 셋, 삼대가 함께 여행한다는 것 • 008

1장.
엄마가 떠나고 여행이 시작되었다

엄마가 세상을 떠났다 • 014

아버지, 같이 여행 가실래요? • 017

세기의 협상 • 023

남자끼리라면 미국 서부지 • 027

한 땀 한 땀 지도를 완성했어 • 031

Tips & TMI #1 여행사 없이 여행을 기획할 때 • 037

2장.
막상 왔지만 조금 어색해

산들바람 솔솔 부는 시애틀 • 046

Tips & TMI #2 아이랑 미국 여행 갈 때 준비물 • 055

사막이라지만 더워도 너무 덥잖아 • 060

라스베이거스를 바라보는 다른 시선 • 072
Tips & TMI #3 아이들과 라스베이거스에서 즐길거리 • 086
여행을 이렇게 시작하고 싶지는 않았어 • 089

3장.
아들 손을 잡고 거친 서부로

강변북로 버스 투어 느낌 • 102
Tips & TMI #4 자이언 국립공원에 대하여 • 114
아버지, 개인 행동은 곤란해요 • 117
아들 빼고, 굿 모닝 • 127
사막에서 커피 한 잔 • 135
모든 것이 짜증스럽다 • 143
엄마를 떠올리며 다시 마음을 다잡고 • 150

4장.

자, 사막 구경 제대로 해보자고

어서 와, 이런 돌은 처음이지? • 162

좀 피곤해, 집에 가봐야겠어 • 172

모기 4천 마리에게 물린 기분 • 179

괜찮아요, 사실 가고 싶지 않았어요 • 185

훈남처럼 잘생긴 협곡 • 195

아들, 이렇게 거대한 곳은 처음이지? • 200

Tips & TMI #5 미국의 거대한 자연 • 212

5장.

아버지와 단둘이 태평양으로

서둘러, 일단 출발해 • 220

태평양 앞에서 스웩(SWAG) • 228

바닷가에 대포가 둥둥 • 234

으악, 방이 없다니 • 239
주립공원도 볼 만한데? • 246
미국 공인 스피드 레이서 자격증 획득 • 260
하늘에서 감동이 비처럼 내려 • 268

6장. 아니, 벌써 한국이네?

베짱이처럼 여유도 부려보고 • 282
Tips & TMI #6 시애틀에 대한 잡다한 정보 • 290
아름답지 못했던 것에 대한 폭로 • 294
엄마, 여행 잘 마쳤어요 • 301
귀국 선물은 111년 만의 더위 • 307

에필로그

여행이 끝나고 책상 앞에 앉다 • 312

프롤로그

남자 셋,
삼대가 함께 여행한다는 것

여행을 다녀왔다. 여행 장소는 미국, 함께 떠난 사람은 남자 셋. 특별한 것 없는 여행이었다. 하지만 이 남자 셋의 조합이 삼대라면 이야기가 조금 달라질 수 있을까?

삼대(三代): 아버지, 아들, 손자의 세대.

아직 60대 청춘인 아버지와 이제 막 40대가 된 나, 여섯 살배기 나의 아들은 "남자끼리라면 미국 서부지!"를 외치며 2018년 7월 여행을 떠났다. 수컷 냄새 가득 풍기며 거친 모래 바람 부는 미국 서부 사막으로 말이다.

모든 것이 즐거웠고 많은 것이 어려웠다. 남자끼리 떠나는 여행의 낭만을 꿈꿨다. 여행 멤버 모두가 장거리 여행을 다녀와도 문제없는 컨디션이어야 했다. 다행히 아버지는 체력이 충분했고, 아들 녀석은 아빠 손잡고 순순히 여행을 떠나줄 귀여운 나이였다. 금상첨화로 회사에서 10년 근속 안식년 휴가를 선물받았다. 우리 삼대의 여행을 가로막는 것은 아무것도 없었다.

남자 셋은 하늘이 내린 좋은 타이밍을 놓치지 않았다. 우리는 오랜 시간 준비한 끝에 미국 서부로 여행을 떠났다. 섭씨 40도를 넘나드는 극강의 햇볕 아래서 서부 영화에서나 봄직한 붉은 사막을 거닐었다. 남자라면 한 번쯤 가슴에 품을 법한 낭만. 아들이라면 아버지를 모시고, 아버지라면 아들과 함께 여행을 떠나는 낭만을 실현한 것이다.

여행을 다녀온 뒤 시차 적응에 애를 먹으면서도 책상 앞에 앉았다. 사진을 정리하다 보니 이 추억을 컴퓨터 폴더 속에만 저장해두기가 아까웠다. 그날 밤부터 정신없이 여행의 추억을 기록하기 시작했다. 호락호락하지 않은 작업이었다. 시간이 흐를수록 미국 여행기는 계속 쌓여갔다. 언젠가 아버지와의 여행을 생각하는 아들에게, 아들과의 여행을 꿈꾸는 아버지에게 전하기 위해 삼대가 만들어낸 여행 이야기를 한 자 한 자 꾹꾹 눌러 담아 책을 엮었다.

"일단 한 번 떠나보세요!"라고 외치고 싶다. 여행을 떠난다는 것은 귀차니즘과의 싸움에서 승리하는 것이기 때문이다. 이 책에는 남자라면 누구나 꿈꾸는 여행을 떠나게 된 계기와 현지에서 맞닥뜨린 문제, 아이와 함께 여행할 때 준비해야 할 것에 대한 이야기를 적었다. 사내아이와 씨름하느라 지친 아이 엄마에게도 남자들만의 여행은 큰 선물이 되어주리라 믿는다. 자식 손주와 추억을 만들고 싶은 어르신에게도 부디 이 책이 자신감을 여러 단계 끌어올릴 보약이 되기를 바란다.

이번 여행의 계기가 되어준 하늘에 계신 어머니께 책을 바친다. 책이 나오기까지 응원해준 아내에게도 멋진 보답이 되길 바라본다. 어머니가 아니었으면 집필을 꿈꾸지 못했을 테고, 아내가 배려해줬기에 마침내 출간을 이루었다. 추억으로만 남을 뻔한 여행을 끝까지 기록할 수 있게 이끌어준 《러시아 여행자 클럽》, 《세상의 서쪽 끝, 포르투갈》, 《단지 결혼을 하고 싶은 건데 이게 다 무슨 일이래요》의 작가 my bro, 서양수 군에게도 고마운 마음을 남긴다. 이 책이 세상 밖으로 나올 수 있도록 힘써주신 모든 분들께 감사의 말을 전한다.

2019년 12월

김지수

1장.

엄마가 떠나고 여행이 시작되었다

엄마가
세상을 떠났다

2017년 3월 31일 금요일 밤 11시 45분. 15분 후면 만우절이 되는 시각. 병실 안, 환자의 모니터가 요동쳤다. 심장 박동을 나타내는 그래프가 고요해지더니 이내 멈춰버렸다. 침대에 누워 있던 환자는 마지막 한숨을 내쉬었다. 얼굴에 핏기가 사라졌고 온몸이 순식간에 잿빛으로 변해버렸다.

그날 밤, 그렇게, 엄마가 죽었다.

순식간에 딱딱하게 굳어버린 엄마 앞에서 아무것도 할 수 없었다. 엄마는 누구보다도 쾌활한 여장부였다. 그랬던 엄마가 거짓말처럼 떠나버렸다. 한 번도 겪어보지 못한 통증이 밀려왔다. 심장이 타들어가는 것만 같았다. 나는 어느 날 갑자기 상주(喪主)가 되었고, 멍하니 장례식장 한 편에 앉아 긴 닷새간의 장례를 치렀다.

꽃이 피던 4월 초, 남해 바다가 보이는 곳에 엄마를 모셨다. 엄마는 한 줌의 재가 되어 차가운 땅속에 자리를 잡았다. 엄마의 마지막 흔적이라고는 딱딱하고 무거운 비석뿐이었다. 엄마는 영원히 잠들었다.

모든 것이 끝났다. 곁에 선 아버지와 누나가 보였다. 30년 동안 우리 가족은 수없이 많은 추억과 이야기를 만들어냈다. 우리가 마지막으로 공유하게 된 추억은 잔인하게도 엄마의 죽음이 되고 말았다. 고통 속에서 보낸 엄마와의 마지막 시간은 너무나도 강렬해서 우리 가족의 지난 아름다운 추억들조차 희미해지는 듯했다.

눈감은 엄마의 첫 친손자인 아들 녀석은 할머니 할아버지와 많은 시간을 보내지 못했다. 걸음마를 떼고 스스로 할머니에게 다가갈 무렵에 이미 엄마의 건강은 악화될 대로 악화된 상태였다. 아이는 휠체어에 앉아 있는 할머니와 그 곁을 지키는 할아버지의 모습을 그저 바라보아야 했다. 가끔 병원 7층 야외 마당에서 뛰어노는 일과 좁은 병실 의자에 앉아 할아버지와 간식을 나눠 먹는 일에 아이는 익숙해져야 했다.

내 아이에게 아주 짧은 기억 몇 장면을 남긴 채 엄마는 떠나버렸다. 가끔 견딜 수 없는 허전함이 밀려왔다. 엄마의 묘소 앞에서 한없이 눈물을 흘리기도 했다. 시간이 흐르면 엄마가 힘들게 투병하던 모습이 지워질 거라 여겼다. 독한 항암제 탓에 백발이 되어버린 엄마. 고통에 몸부림치던 마지막 모습도 잊히기를 바랐다. 하지만 사라져버리길 바랐던 모든 기억은 점점 더 또렷해졌다. 우아하고 멋지던 사모님 적 모습은 시간이 갈수록 희미해졌다.

무언가가 필요했다. 우리 가족의 잿빛 추억을 희석할 그 무언가가. 엄마의 죽음이란 그림자가 우리 가족의 아름다운 추억마저 잠식하는 모습을 보고만 있을 수 없었다.

…….

여행이나 갈까?

아버지, 같이 여행 가실래요?

엄마가 허무하게 떠난 날은 둘째 아이가 태어난 지 딱 백일이 되는 날이었다. 백일 상도 차려주지 못하고 병원으로 달려가 엄마의 임종을 지켰다. 그 후 엄마가 떠난 슬픔을 육아를 통해 조금이나마 달랠 수 있었다. 문제는 혼자 남은 아버지였다.

아버지는 주로 혼자 여행을 다녔다. 장례 후 얼마 지나지 않아 동해안 해파랑길을 완주했고, 일본으로 넘어가 조선통신사길을 순례하는 등 쉴 새 없이 여행을 다녔다. 아픔을 잊기 위해 몸을 혹사하는 건 아닐까 싶었다. 뜨거운 여름에 아버지 혼자서 여행을 다닐 때는 신경이 쓰였으나 직장에 매여 있는 신세라 아버지와 함께 여행을 떠날 기회는 만들 수가 없었다.

어느 날 아내가 말했다. 아버지와 함께 여행을 떠나보라고. 막연히 아버지와 같이 여행을 가볼까 했던 나는 그때부터 진지하게 고민했다. 아버지와 함께라면 조금 먼 곳으로 떠나고 싶다는 생각이 들었다. 하늘이 도왔는지, 회사에서 얻은 안식년 휴가 덕분에 멀리 떠나도 될 기회가 덜컥 생겼다. 당시 미세먼지로 가득했던 한국을 떠나 맑은 하늘을 찾아가고도 싶었다.

불현듯 미국에 살던 누나가 떠올랐다. 어쩌면 미국은 흔한 여행지였을지도 모른다. 미국으로 떠나고 싶던 진짜 이유는 따로 있었다. 우리 가족과 친척은 유난히 미국과 강한 연결 고리가 있었다. 아버지는 미국에서 공부했고, 누나도 현지에서 공부를 마친 뒤 직장을 잡고 가정을 꾸려 살고 있었다. 친척 사촌들은 미국에서 학위를 땄고 귀여운 조카들은 미국 국적을 가졌을 정도였다. 나 또한 35년 전 아버지의 유학 시절에 부모님과 함께 미국에서 어린 시절을 보냈다. 그러나 네 살 때 미국을 떠났기에 미국 생활에 대한 기억은 전혀 남아 있지 않았다. 한국에 돌아온 뒤 서울에서 쭉 성장했고 미국에는 여행 가볼 기회조차 없었다. 미국은 그저 책이나 뉴스에서 접하는 나라일 뿐이었다.

그러다가 지금으로부터 약 10년 전, 대학원에 다닐 때였다. 여름 학기를 미국 로스앤젤레스에서 수료해야 하는 과정이 있어서, 방학 기간 일주일 동안 미국을 방문할 기회가 생겼다. 사실상 첫 미국 방문이나 다름없었는데 미국의 어마어마한 자연경관에 강한 인상을 받았다. 이후 마음속 깊은 곳에 언젠가 꼭 이곳을 다시 찾겠다는 다짐이 자리 잡았다. 여러 명소 중에서도 라스베이거스로 넘어가는 사막에서 마주한 거대한 길이 가장 인상 깊었다.

당시 졸린 눈을 비비며 차를 몰아 로스앤젤레스에서 라스베이거스로 넘어갔다. 그러다 갑자기 나타난 거대한 광경에 눈을 뗄 수 없었다. 눈앞에는 도대체 몇 킬로미터인지 가늠하기조차 어려울 정도로 긴 도로가 펼쳐져 있었다. 사막 위에 곧게 펼쳐진 직선 길은 그림 같았고, 그곳을 질주했던 쾌감은 이후 10년이 넘도록 기억 속에서 생생했다. 아버지와의 첫 해외여행 목적지로 미국을 선택한 것은 어쩌면 10년 전에 이미 정해진 게 아니었을까.

미국이라는 곳은 일주일에 닷새를 출근해야 하는 직장인이 훌쩍 떠날 수 있는 여행지가 아니었다. 긴 준비가 필요했다. 게다가 여행의 의미도 한껏 부풀려놨기에 완벽한 여행이 되어야만 했다.

그냥 혼자 떠날까?

혼자 여행하는 엉뚱한 상상을 해보았다. 그러나 나는 한 집안의 가장이었다. 게다가 어린아이가 둘 딸린 아비 혼자서 여

2007년 거대한 사막 길이 나를 바꿔놓았다.

행이라니 일급 범죄나 다름없었다. 아내가 허락한다 할지라도 혼자 청승맞게 여행 다닐 자신도 없었다. 자연스럽게 가족이 여행 멤버로 거론되었고 누가 가장 적당할지 한 명씩 검증해보기로 했다.

일단 가장 시끄러운 멤버가 눈에 들어왔다. 우리 집 생태계 최종 포식자이며 가장 활발한 18개월 된 막내딸. '엄마 아빠' 빼고 할 수 있는 말이라고는 외계어뿐인 아이였다. 미국 서부의 한여름 더위와 거친 자연 속으로 천방지축 딸내미를 데려가는 어리석은 짓이었다. 그래. 딸, 넌 패스.

그다음으로 옆에 앉은 아내가 눈에 들어왔다. 아이 둘을 낳고 키우느라 아내에겐 휴식이 절실한 상황이었다. 올해가 마침 결혼 10주년이라 이론상으로나 서류상으로 완벽한 여행 동반자였다. 하지만 아내는 육아 휴직을 막 끝내고 회사에 복직한 지 얼마 되지 않은 상황. 아내의 휴가 일수는 단 5일뿐이었다. 미안, 여보.

마지막으로 장난감 팽이를 요란하게 가지고 노는 첫째 녀석이 눈에 들어왔다. 여섯 살 남자아이와 단둘이 여행을? 상상만으로도 버거웠지만 호기심도 샘솟았다. 둘이서 멋지게 미국으로 향하는 장면을 떠올렸다. 우리가 미국 서부를 점령하고 귀국할 수는 있을지, 과연 이 녀석이 최고의 여행 파트너가 될지 가늠할 수 없었다. 아들 하나로는 뭔가 부족하지 않을까?

그러고는 갑자기 아들의 할아버지, 그러니까 나의 아버지가 강제로 소환되었다. 아버지 혼자 여름휴가를 보내게 두는 것도 내키지 않은 데다, 미국을 잘 아는 '지식인'이 동행하면 여행의 품격이 높아지겠다는 생각이 들었다. 무엇보다 아버지가 합류하면 할아버지와 손자가 포함된 남자 셋, 삼대라는 묘한 조합을 완성할 수 있었다.

2018년 1월, 아버지를 섭외하기 위한 마음의 준비를 마쳤다. 어떻게든 여행은 떠날 참이었다. 추운 겨울바람을 뚫고 아버지를 찾아가 여행을 제안했다.

"아버지, 올여름에 계획 있으세요? 저 안식년 휴가가 있는데 같이 여행 가실래요?"

세기의 협상

"아버지, 같이 가시죠. 손주랑 같이요. 재밌지 않을까요?"

단번에 대답이 돌아오지 않았지만 아버지의 눈동자가 강하게 흔들렸다. 뒤늦게 돌아온 대답은 예상과 달리 차가웠다.

"어, 이번 여름 알래스카에 가볼까 하는데 어쩌지?"

"알래스카요?"

'알래스카? 얼음 둥둥 떠다니는 북극에 간다고? 거짓말이야, 진짜야? 어떻게 알래스카를 가려는 거지? 같이 가기 싫다는 뜻이네.'

고민 끝에 제안했으나 냉랭한 답변이 돌아와 머리가 복잡해졌다. 아버지의 거절은 그 파장이 생각보다 컸다. 아버지에게는 알래스카는 물론이고 북극점으로 탐험을 떠나고도 남을 체력과 열정이 있었기 때문이다.

강력한 추진력의 사나이인 아버지는 홀연히 여행을 떠나는 일이 잦았다. 갑작스럽게 걸려온 아버지 전화를 받고서 깜짝 놀라는 경우가 허다했다.

"여보세요."

"지금 공항이다."

"네? 어디 가시는데요?"

"아이슬란드."

아이슬란드는 유럽 북서부 노르웨이와 영국 스코틀랜드의 끝자락을 지나 바다 너머에 있는 섬나라 아닌가. 그러한 이역만리라면 큰마음을 먹어야만 갈 수 있는 곳으로 알고 있었는데 아버지는 홀연히 다녀오곤 했다. 소리 없이 가까운 일본에 여행을 다녀온 건 한두 번도 아니었다. 심지어 며칠간 연락이 두절되어 발을 동동 구른 적도 있었다.

"어디세요? 연락이 안 돼서 얼마나 걱정했다고요."

"니, 옐로나이프라고 아나?"

"옐로 뭐요? 거기가 어딘데요?"

"캐나다 북쪽에 있는 도시다."

"캐나다요?"

"오로라 보러 왔다. 여긴 영하 35도다. 연락 잘 안 되니 한국에서 보자."

아버지가 알래스카에 갈 계획이라고 말했다는 것은 충분

히 현실이 되고도 남을 일이었다. '삼대의 낭만은 개뿔, 서부여 안녕'하고서 여행 계획을 전면 수정해야 할 상황. 허탈했다. 여행 계획을 다시 짜볼까 하고는 구글 지도 웹사이트에 접속했다. 습관처럼 미국 서부 지역을 찾아 들어갔다. 정해진 것은 아무것도 없는데 내일 당장 여행을 떠날 사람처럼 클릭을 계속했다. 봐도 봐도 미국 서부에 미련이 남았다. 구글 지도를 탐닉하며 아쉬운 마음을 달래려 했지만 머릿속이 복잡했다.

'아, 미국은 못 가겠지…….'

이미 여행은 시작되었다

집에 적막이 흘렀다. 아버지는 내게, 나는 아버지에게 불편한 기색을 느끼고 있었다. 30여 분쯤 지났을까. 우리 부자는 계속 말이 없었다. 나는 몽상가처럼 구글 지도 속을 방황하다가 잠시 화장실에 다녀왔다. 그런데 아버지가 모니터 앞에 앉아 있었다. 내가 펼쳐둔 구글 지도를 보고 있는 듯했다. 어깨 너머로 화면을 본 순간 화들짝 놀랐다.

"이건 미국 종주 지도 아니에요?"

불길한 기운이 몰려왔다. 새까맣게 그을린 피부에 누더기 같은 옷을 입고 텍사스의 한적한 마을 길을 걷고 있는 지친 여행자의 이미지가 스쳤다. 숨이 멎을 것 같았다. 한편으로는 아버지와 여행을 함께 갈 수도 있겠구나 싶은 환희 섞인 마음도 있었다. 미국 종주 지도를 그리는 아버지의 뒷모습을 보자니 '고생길'이라는 단어가 머릿속에 떠올랐다. 본능인 걸까, 나도 아버지께 배운 대로 경상도 남자 코스프레를 하며 모른 척했다. 그런데 한술 더 뜨셨다.

"2주면 미국 종주하겠네."

'차라리 알래스카를 같이 가자고 할까?' 마치 면접장의 대기자처럼 긴장한 채 10여 분이 흘렀다. 계속 모른 척하고 있다가 모니터 화면을 슬쩍 흘겨보니 아버지는 다른 경로를 보고 있었다. 그리고 덧붙였다.

"서부는 사흘이면 다 되겠네. 그래 가자. 누나한테도 연락해봐라."

갑자기 협상이 타결되었다. 침 튀기는 설전도 없었고 수학적 증명도 없었으며, 빈틈없는 논리로 서로를 설득하거나 방어하는 과정도 전혀 없었다. 세기의 협상은 미국 서부로 떠나는 것으로 결론 났다.

세상에서 가장 존경하지만 어색한 사이이기도 한 아버지와의 알래스카 해프닝은 '밀당'의 일환으로 이해했더니 마음이 편해졌다. 여행이 벌써 시작된 듯했다.

남자끼리라면
미국 서부지

기분은 앞섰지만 출발 날짜만 결정되었을 뿐 모든 것이 백지 상태였다. 부지런히 여행 일정을 짜지 않으면 삼대의 낭만은 자칫 삼대의 절망이 될 수 있었다.

도움이 될까 싶어 인터넷에서 여행 준비하는 법부터 검색했다. 여행 전문가들은 입을 모아 말했다.

'개인의 취향껏 준비하세요.'

더 답답해졌다. 그다음으로 우세했던 '여행 가이드북부터 구매하라'는 조언에 따르기로 했다. 자존심을 낮추고 나 스스로를 여행 초보라고 정의한 뒤 서점으로 향했다. 사전 조사 없이 갔더니 충동 구매한 미국 서부 여행 책 한 권만 덩그러니 손에 들려 있었다. 차근차근 읽어보았다. 하지만 읽고 또 읽어도 머릿속이 정리되지 않았다. 내용들이 눈앞에서 둥둥 떠다니는 느낌이랄까.

'아, 책을 잘못 샀나? 딴 책 살걸.'

두꺼운 종합 여행 백서를 쳐다보고 있자니 이내 지쳐 책을 덮었다. 더 근본적인 질문을 던져보자 싶었다. 왜 미국에 가려고 하는지, 여행을 다녀와서 무엇을 얻길 바라는지 말이다.

이번 여행의 테마는 '대자연 탐방'이었다. 10년 전에 봤던 라스베이거스 사막 위의 직선 도로가 자꾸만 아른거렸고, 무엇보다 미국의 거대한 자연이 내 취향과 꼭 들어맞았다. 평소 스마트폰 바탕 화면 사진조차 광활한 자연 이미지를 깔아두지 않았던가. 또한 아들 녀석에게도 미국의 광활한 자연을 느끼게 해주고 싶었다. 미국에는 국립공원이 정말 많다. 2018년 기준 59개라고 하는데, 잘 알려진 그랜드 캐니언도 국립공원이다. 미국의 국립공원을 떠올리면 전문가 사진으로만 구경할 수 있는 멋진 이미지가 그려졌다. 더 고민할 필요 없이 이번 여행은 미국 국립공원 탐방에 초점을 맞추기로 했다.

그다음으로는 비행기 표부터 예매하라는 조언이 우세했다. 정신을 가다듬고 일단 지도부터 펼쳤다. 물론 구글 지도였다. 구글 지도는 인류 최고의 발명품 중 하나라는 마음으로 인천에서 비행기를 타고 날아갈 베이스캠프를 찾기 위해 미국 서부를 이 잡듯 뒤져봤다. 누나가 살고 있는 시애틀이 눈에 들어왔다.

'미국에서 누나와 만나 이동하면 되겠네. 베이스캠프는 시

애틀이 좋겠다. 당장 비행기 표부터 예매하자.'

그렇게 삼대와 누나네가 만나 여행을 해볼 참이었다. 신나게 항공권 비교 검색을 하다가 인터넷 포털 사이트에서 연결해주는 여행사 웹사이트를 통해 즉시 구매했다. 제일 저렴한 취소 불가 항공권으로 말이다. 비행기 예약도 끝났고 미국 서부 여행 책도 손안에 있으니 당장 떠나도 아쉬울 게 없었다. 여행 준비는 착착 진행되었다.

이제 여행 중 들를 곳을 정해야 했다. 한국인에게 가장 잘 알려진 미국의 국립공원은 아마도 그랜드 캐니언 국립공원이 아닐까. 미국에 처음 가는 아들을 생각해서 가장 대중적인 그랜드 캐니언을 핵심 지점으로 지정하고 인근 지역에 있는 국립공원을 살폈다. 그 지역의 국립공원 포인트를 여행하면 '그랜드 서클 여행자'라는 멋진 수식어도 붙는다고 했다. 목적지마저 이리 쉽게 정해도 되나 싶을 만큼 거침없이 속도를 냈다. 그러나 그랜드 서클이 어디서부터 어디인지 여행 상품을 설계한 여행사마다 설명이 달라서 혼란스러웠다. 지도를 자세히 보니 나름의 공통 거점이 나와 첫 번째 경로를 잡아보았다.

- 총 소요 시간: 58시간
- 총 이동 거리: 3,570마일(5,745킬로미터)

5,745킬로미터면 서울-부산을 여섯 번 정도 오가는 거리다. 그럼에도 불구하고 "괜찮네! 멋지네! 그리 하자!"라며 서둘러 결정해버렸다. 곧바로 비행기에 올라타도 될 자신감이었다. 여행 경로를 계획하는 2박 3일 동안 잠을 거의 못 잤으나 거점은 물론 주변 호텔까지 찾아보는 즐거움이 컸다. 역시 여행은 준비 과정이 제일 즐겁다는 말이 맞는 듯했다. 야심 차게 마무리한 경로를 여행 멤버에게 선보였다. 아버지께 일차 감수를 요청했는데 이번에도 경상도 남자답게 말이 없었다. 미국에 있는 누나에게도 감수를 요청했다. 감사하게도 대답이 돌아왔다.

"비쁘니까 퇴근하고 볼게."

그 후 누나는 일주일 넘게 연락이 없었다. 나는 이미 미국에 있는 기분인데 아무도 연락이 없었다. 틈날 때 문자 메시지를 보내면 운전 중이라는 답만 돌아왔다.

'너무 완벽해서 더 볼 게 없는 것일 수도 있어. 바빠서 연락을 못 주는 거겠지.'

여행 떠날 채비나 하자며 스스로를 다독이던 어느 날 미국팀의 멤버인 매형이 한국으로 출장을 왔다. 공항에 매형을 마중 나가 살짝 물어보았다.

"매형, 여행 경로 보셨나요? 어때요?"

"음, 처남, 봤는데……. 그건 좀 아닌 것 같아."

한 땀 한 땀
지도를 완성했어

머릿속에서 매형의 말이 맴돌았다.

"차만 타는 여행은, 아이들도 있는데 힘들기만 하고 별로일 것 같아."

맞는 말이었다. 허무함이 몰려왔다.

'아, 며칠간 잠 못 자며 짠 여행 경로인데…….'

어쩔 수 없었다. 계획을 바꿔야 했다. 이 경로, 저 경로, 여러 가지 방법을 구상해보다가 지쳐 잠들고 출퇴근을 반복하다 보니 어느덧 한 달이라는 시간이 흘러가버렸다.

그사이 엄마의 기일이 되었다. 첫 기일이라 누나와 조카들이 한국으로 잠시 귀국했다. 누나도 준비 경과가 궁금했는지 이런저런 이야기를 함께 나눴다. 누나가 어둠 속 한 줄기 광명 같은 대안을 제시했다.

"애들이 세 명이니까 아이들을 위한 여행은 어때?"

"어, 그래. 그것도 나쁘진 않겠다."

"아버지가 싫어할 수도 있지만, 뭐 어때."

무언가 감이 잡히는 느낌이었다. 시애틀에서 출발하여 라스베이거스 인근까지 이동하는 첫 설계도는 깡그리 잊고 새로운 경로를 만들었다. 혁명 수준의 변화였다. 아이들 중심으로 관점이 바뀌니 여행 스타일도 완전히 달라졌다. 국립공원 투어는 점점 놀이공원 투어로 바뀌었고 도시에서 체류하는 시간이 늘어났다.

미국에 살고 있는 조카 둘은 로스앤젤레스에 있는 유니버설 스튜디오에 못 가봤다며 아우성이었다. 한 번 가본 디즈니랜드에도 다시 가겠다며 의욕을 불태웠다. 게다가 로스앤젤레스와 샌디에이고 사이에 있는 레고랜드까지 가자며 어퍼컷을 날리는 게 아닌가. 아들 녀석도 레고에 빠져 있는 상태였기에, 레고랜드에 가자는 조카들의 제안은 파급력이 컸다.

잠시 갈 곳을 잃었던 여행 설계 작업이 본격적으로 탄력을 받았다. 목적지도 아이들을 위해서 로스앤젤레스로 바뀌게 되었다. 로스앤젤레스에서 모든 것을 끝내겠다는 각오로 계획 짜기에 박차를 가했다. 시애틀에서 차를 타고, 서부 해안가 도로를 따라 로스앤젤레스로 가면서 태평양 산들바람을 오른쪽 옆구리로 느껴보자는 환상적인 경로 완성! 하지만 이 계획대로라면 우리에게 주어진 2주라는 시간이 부족할 듯했다. 시애틀에서 출발할 경우 차량 이동 시간만 편도로 31시간이었다.

'태평양이 친구 삼아준다지만 장시간 운전할 수 있을까?'

그야말로 강행군이었다. 하지만 아이들을 위한 여행으로 바뀐 만큼 로스앤젤레스 인근에서 많은 시간을 보내겠다는 의지가 불타올랐다. 그런데 며칠이 흐르자 억울한 감정이 들었다.

그럼 어른들은?

계획했던 세기의 미국 여행이 놀이공원 투어에 그치게 되다니 서글펐다. 어른들을 위해 로스앤젤레스 말고 다른 경로를 추가하기로 했다. 며칠 밤을 뜬눈으로 지새우며 새로운 경로를 발굴했다. 지도에서 동쪽으로 눈을 돌려보니 환상적인 도시, 라스베이거스가 꼬리를 치고 있는 게 아닌가. 라스베이거스에 머물면 그랜드 서클 여행자가 될 수 있겠다는 생각이 들었다.

"놀이공원도 좋지만 미국에 가는데 국립공원도 들러야지."

라스베이거스를 거쳐 국립공원을 둘러보는 일정을 그렸다. 마트에서 장 보듯이 국립공원을 골랐더니 이동 시간만 무려 45시간이 나왔다. 하루에 넉넉잡아 5시간 이동하면 여드레, 아흐레면 된다는 이야기. 문제는 여기서 계산한 이동 시간은 편도라는 점이었다. 편도로 45시간을 이동하면 시애틀로 돌아갈 수 있는 시간은 나흘에서 닷새밖에 남지 않았다. 그래도 돌아가는 길은 쉽게 갈 수 있으리라 넘겨짚고 루트를 완성했다.

"이제 떠나기만 하면 된다!"

소리치듯이 하늘에 선포하며 두 번째 여행 설계를 마쳤다. 그런데 충격적인 제안이 들어왔다.

"야, 그러지 말고 시애틀에서 비행기를 타자."

"뭐? 비행기? 미국 내에서 비행기로 이동하자고?"

납득이 되지 않았다. 자고로 비행기라는 것은 한국에서 미국으로 살 때나 타는, 바다를 재빠르게 넘는 교통수단 아닌가? 미국 본토 내에서 국내선을 타자니 한 번도 생각하지 않은 방법이라 멍해졌다. '로드 트립', '거친 미국'이라는 환상에 매몰되어 있던 터라 비행기를 탄다는 것은 미지의 신세계처럼 느껴졌다.

"저가 항공 타면 한 명당 71불밖에 안 해."

'비행기 값이 수백만 원이 아니라 7만 원? 똥개 훈련도 아니고, 지금까지 내가 짠 루트는?'

시애틀에서 3박 4일 동안 쉬지 않고 달려야만 나타나는 로스앤젤레스를 7만 원을 내면 두 시간 만에 갈 수 있었다. 덕분에 여행의 품격이 십만 단계쯤 상승할 것 같았다. 고민할 필요가 없었다.

"그렇게 하자, 그럼."

두 번째 여행 경로마저 백지화하기란 아쉬웠지만 결국 부들부들 떨면서 백기 투항했다. 곧바로 세 번째 전면 수정에 나섰다. 고맙게도 이번에는 누나가 바쁜 시간을 쪼개서 매우 적극적으로 여행 경로 설계에 개입했다. 누나와 함께 여러 가지 여건을 고려한 끝에 경로가 완성되었다. 호텔 검색 마무리까지 되던 어느 날, 아버지로부터 장문의 메시지가 도착했다.

워낙 긴 내용이라 퇴근하고 자세히 확인해야겠다 싶었지만 간단히 봐서는 여행 준비 상황을 칭찬하고 격려하는 듯했다. 퇴근한 뒤에야 비로소 내용을 자세히 뜯어보았는데 아버지의 메시지는 망치로 머리를 얻어맞은 듯한 내용이었다.

아버지의 장문의 메시지를 요약하면 이러했다.

① 고생했다.

② 하지만 너희가 설계한 길을 역방향으로 여행하자.

③ 아이들을 위한 놀이공원? 너희끼리 나중에 다시 가라.

④ 로스앤젤레스는 빼라. 대신 라스베이거스 근처에서 국립공원을 자세히 돌아보자.

아버지의 메시지를 수신한 날은 정확히 2018년 5월 23일이었다. 여행을 떠나기 한 달 하고 일주일 전이었다. 다시 여행 경로를 수정해야 하는 상황. 시간이 촉박했고 숙소를 단 한 곳도 예약하지 못한 상황이라 불안감이 컸다. 누나가 나서서 상황을 정리했다. 결국 아버지가 제안한 경로대로 여행을 떠나기로 합의했다. 아버지의 기습 공격에 녹초가 된 몸을 이끌고 마지막 여행 설계를 시작했다. 이번에는 모든 파트너들의 도움을 얻어 그나마 수월하게 정리할 수 있었다.

떠나기 일주일 전, 그냥 마무리할래

우여곡절 끝에 설계를 마쳤다. 여행 주제도 놀이공원 투어에서 대자연 탐방으로 다시 자리를 잡았다. 아버지가 제안한 '충실하게 그랜드 서클을 느낀다'는 방향대로 여행 준비가 완료되었다. 가장 큰 변화는 시애틀과 라스베이거스를 오갈 때 모두 비행기를 타기로 한 결정이었다. 시간을 충분히 벌어 각 지점을 더 충실하게 여행할 수 있게 되었고, 재빨리 시애틀로 돌아와 미국 북서부까지 돌아보자는 계획이었다. 길고 긴 여행 설계가 끝났다. 출국일은 6월 30일, 여행 계획의 마침표를 찍은 날이 6월 24일이었다. 이제 진정 비행기 표를 흔들며 인천 공항으로 출발할 일만 남았다. 눈앞에 공항이 아른거렸다. 떠나자!

Tips & TMI #1

여행사 없이 여행을 기획할 때

여행을 떠나겠다고 시원하게 마음먹어도 막상 어디서부터 준비해야 할지 막막하다. 준비 과정 중 여행이 흐지부지되거나 취소되는 경우도 많을 것이다. 미국 여행의 경우, 워낙 유명한 곳이 많아 정보가 넘쳐나는데도 스케줄이나 여행 계획을 일목요연하게 정리하기 힘들었다. 너무 뻔하게 짜인 여행사의 스케줄이 싫은 사람을 위해 하나하나 스스로 준비하면서 얻은 팁을 공유해보겠다.

1. 가이드북은 꼭 사자

시중에는 정말 훌륭한 미국 서부 여행 책이 많다. 서점에는 표지만 봐도 알 만한 유명 여행 안내서가 즐비하다. 개중에는 백과사전처럼 내용이 풍부한 가이드북도 있다. 처음 책을 펼치는 순간 너무 많은 정보를 접하게 되어 혼란스럽긴 하지만 결국 가장 마지막까지 남는 것은 가이드북이다. 필요한 정보를 갑자기 찾을 때도 유용하고, 책을 볼 때마다 곧 여행을 떠난다는 생각에 설레기도 하니까. 인터넷에도 정보가 많지만 여행을 다녀온 뒤에도 기념이 될 수 있으니 여행서 한 권쯤은 장만하자.

2. 약해지지 말고 비행기부터 예매하자

사람의 마음은 갈대 같아서 온갖 변수에 시달린다. 귀차니즘, 각종 약속, 업무 등으로 계획이 뒤죽박죽 어그러지면서 여행을 포기하기 십상이다. 이럴 때 출발 항공권을 '질러버리면' 여행 갈 확률이 90퍼센트까지 치오른다. 대신 In-Out을 어디로 할지 조금 공부하고 예매하는 것이 좋다.

나의 경우, 가격 비교 여행 서비스를 뒤져봤으나 결국 가장 많은 정보가 잘 모여 있는 포털 사이트가 편리했다. 가격도 큰 차이가 나지 않았다. 깔끔하게 1박 2일 정도만 고민한 뒤 여행 기분을 한껏 내는 데 집중했다.

3. 호텔은 천천히 고르고 이동 경로부터 정하자

자유 여행을 계획한다면 가격에 매몰되어 항공권과 호텔 할인에 힘을 빼지 말자. 호텔이 결정되는 순간 이동 동선이 무한한 가능성에서 한두 가지로 확 줄기 때문이다. 탐험가 정신이 있다면 지도를 펼치고 동선부터 짜기를 추천한다. 잠잘 곳은 동선에 맞게 나중에 예약해도 큰 문제없다.

여행지에서 갈 곳을 정했다면 지도를 펼치자. 구글 지도(maps.google.com)는 미국 여행에 있어서 보물 지도나 다름없다. 구글 지도에서 원하는 지역을 클릭하고 이동할 목적지로 길 찾기를 하면 최적의 내비게이션은 물론이고 이동 거리, 이동 시간이 모두 10

초 만에 계산되니 일정 짜기에 안성맞춤이다. 특히 이동 경로 주변 검색어로 '호텔'이라고 입력하면 웬만한 호텔은 모두 다 나오니 숙소를 찾기에도 용이하다. 자유 여행자에게 구글 지도는 여권이나 항공권처럼 필수품. 미국은 인터넷 연결이 안 되는 곳이 많으니 구글 지도 앱에서 이동 위치를 미리 다운로드하는 게 좋다.

4. 지도를 봐도 잘 정리되지 않으면 첨단 기술의 힘을 빌리자

구글 지도에도 단점이 있다. 경로 정리와 저장이 힘들다는 것이다. 구글 지도에서 계획한 경로와 여행 일자별 경로를 저장해두면 좋겠지만 그러한 기능은 지원되지 않는다.

다행히 지피에스 기반 경로 안내 서비스는 많다. 그중 스케줄을 짜기 가장 좋았던 서비스는 sygic maps(http://maps.sygic.com)다. 경로를 짠 뒤 스케줄별로 저장할 수 있다. 여행 멤버 간 공유도 가능하며 모바일 앱으로도 지원이 되어 편리하다.

5. 숙소를 예약하면 경로 완성이다

구글 지도에서 호텔을 검색하면 인근 지역 호텔이 모두 나타나고 가격도 표시된다. 주로 booking.com, hotels.com 등의 가격 정보가 나오며 이를 비교할 수 있다. 제시된 링크를 통해 예약해도 좋지만, 나의 경우 'kayak'이라는 검색 서비스를 이용해 예약했다.

6. 미국으로 떠날 때 이것만큼은 잊지 말자

① 여권보다 더 중요한 것은 없다: 여권이 없으면 우주 최강 어벤져스가 강림해도 출국할 수 없다. 훌쩍 여행을 떠나고 싶은가? 당신의 여권이 눈앞에 있는지부터 확인하라. 여권을 찾았다면 유효 기간을 살펴보자. 몇몇 나라는 여권의 잔여 유효 기간을 입국 심사 기준으로 삼고 있다. 따라서 방문하려는 국가의 기본 요구 사항을 확인해야 한다. 여권의 잔여 유효 기간이 6개월 미만이라면 여권을 새로 만드는 게 좋다.

② 미국은 ESTA: •ESTA는 '전자여행허가시스템'의 약자라고 보면 된다. ESTA는 일종의 사전 여행 허가 제도다. 과거에는 미국에 가려면 광화문에 있는 미국 대사관을 찾아 인터뷰하고 비자를 받아야 입국이 가능했다. 37개의 미국 우방국은 비자가 없이도 ESTA를 받아두면 입국이 가능하게 바뀌었다.

• ESTA 신청 홈페이지: http://www.esta.us/korean.html

간편 입국 허가서인 ESTA라 할지라도 만만하게 보면 안 된다. 참고로 신청 비용은 14달러. 여행사 등을 통해 대행하면 돈이 더 든다고 하니 직접 신청하는 것도 좋다. 홈페이지에 한글이 지원되므로 5분이면 가능하다.

ESTA를 신청한 뒤 승인이 나면 결과 화면을 인쇄할 수 있다. 공식적으로는 전산상에 저장된 정보로 입국 시 심사가 가능하니 별도로 인쇄할 필요는 없다고 한다. 하지만 천재지변이나 만약을 위해 한 장 정도 인쇄해두는 것을 추천한다.

7. 여행 중 경로 추적 기능을 써보자

여행 경로를 기록하고 싶다면 자신의 이동 경로를 추적하는 앱을 사용해보자. 지피에스 기반이며 스마트폰이 어디에 위치해 있는지 실시간으로 추적해서 경로를 기록하는 서비스다. 미국 여행 기록을 남기기 위해 여러 앱을 설치하고 테스트해보았다. 스마트폰이 꺼지면 기록이 남지 않거나, 다른 앱을 쓰면 기록되지 않거나, 지피에스가 부정확하여 기록이 누락되는 등 부족한 앱이 많았으나 그 중 'Polarsteps'라는 앱이 가장 적합했다.

Polarsteps는 모바일 앱 스토어에서도 무료로 설치, 이용이 가능하다. 장점은 현지에서 인터넷이 연결되지 않거나 스마트폰이 꺼져 있어도 스마트폰의 지피에스가 알아서 실시간으로 경로를 저장한다는 점이다. 이동한 거리도 자동으로 몇 킬로미터인지 계산해준다. 다만 비행기 이동 거리까지 산정하는 부분이 아쉬웠다.

미국으로 가는 비행기 안에서 보는 풍경이 꿈결 같았다.

2장.

막상 왔지만 조금 어색해

산들바람 솔솔 부는 시애틀

– 인천 공항을 떠나 시애틀까지 10시간을 이동하며

여행의 베이스캠프는 시애틀이었다. 미국 북서부 최대 도시이며 마이크로소프트사의 본거지, 스타벅스의 고향, 아마존 본사가 있는 곳. 〈시애틀의 잠 못 이루는 밤〉이라는 영화로도 국내에 잘 알려진 도시인데, 무엇보다 누나가 그곳에 살고 있기에 이번 여행의 베이스캠프로 삼았다. 취소가 불가한 항공권을 서둘러 구매하는 바람에 입국과 출국 모두 시애틀로 하게 되었다. 시애틀이라는 도시를 구경할 수 있는 좋은 기회였지만 진짜 여행은 1,400킬로미터나 떨어진 곳에서 시작되었다. 목적지와 먼 도시로 입국하니 조금은 어색했다. 강릉에 숙소를 잡고 서울을 구경하러 가는 느낌이랄까.

6월 30일 토요일, 고난과 역경을 이겨내고 시애틀로 출발했다. 드디어 삼대의 여행이 시작된 것이다. 공항으로 향하는 내내 설레는 마음을 감출 수 없었다. 그 마음도 모르고 아들 녀석은 차에서 잠이 들었다.

여행 선배들의 조언에 따라 출발 네 시간 전 공항에 도착했다. 그런데 탑승 수속이 너무 빠르게 끝나서 세 시간 넘는 여유가 생겼다. 1분 이상 대화가 오가지 않는 남자 셋이 모여 세 시간을 보내야 하는 상황. 쇼핑이라도 하면서 어색함과 무료함을 달래려 했지만 남자 셋이 유모차를 몰고 쇼핑이라니 더 어색해졌다. 광장에서 공연하는 국악단의 공연을 관람하고, 구매해둔 면세품을 찾았다. 여전히 길고 긴 시간이 남아 있었다. 면세점 안에 진열되어 있는 물건들이 눈에 들어왔다.

"니, 뭐 살 거 없나?"

"한 번 보러 갈까요?"

아버지와 나는 쇼핑의 개시를 알리는 힘겨운 대화를 시작했다. 대화가 끝나자마자 우리는 적극적인 자세로 면세점을 활보했다. 숨겨왔던 쇼핑 본능이 살아난 순간. 주류점과 문구점에 들르고, 미국에서 먹을 한국 음식을 사두고, 사막의 더위를 이기기 위한 부채도 구매하고, 서점까지 둘러보니 우리 삼대 꽤 잘 어울리는 쇼핑 친구 같았다.

그런데 남자들에게 한 시간 이상의 쇼핑은 무리일까. 아버지도 나도 아들도 점점 지쳐갔다. 출국장 앞에 아이를 풀어놓았다. 쉴 곳이 마땅찮아 남은 두 시간이 야속하게만 느껴졌다.

아주 덥던 6월 마지막 날, 삼대는 공항에서 여행을 시작했다.

알 수 없는 조형물에 들어가서 놀기도 하고, 서점에서 장난감 스티커를 사서 놀기도 하니 아들 녀석의 생기가 돌아왔다.

지루한 기다림 끝에 비행기에 올랐다. 시애틀까지는 아홉 시간 반을 가는 긴 여정. 이를 위해 스마트 패드도 완충해왔고 아들 녀석이 좋아하는 애니메이션도 내려받아 왔다. 그런데 기내에서 제공하는 어린이 콘텐츠가 매우 충실해서 시애틀에 도착할 때까지 아들의 시선은 좌석 모니터에서 떨어지지 않았다.

밥 중의 밥은 기내식이라고 했던가. 맛있는 기내식을 즐기며 영화를 보고 있자니 옆에 두 남자는 이미 꿈나라에 가 있었다. 얼마나 시간이 흘렀을까, 태평양을 거의 다 건너온 느낌이 들었다.

시애틀이란 도시는 처음이야

시애틀 시각 오후 12시 30분. 시차라는 것은 늘 신비로웠다. 분명 서울에서 토요일 저녁에 출발했는데 도착하니 토요일 점심 시간이다. 곤히 잠든 아들 녀석을 겨우 깨웠다. 마음이 급해진 아버지는 벌써 일어나서 짐을 챙기고 대기 중이었다.

비행기에서 내려 출국장으로 향하는 길 눈앞에 에스컬레이터가 나타났다. 다시 잠들어버린 아들 녀석이 유모차에 앉아 있어 에스컬레이터를 이용하기 힘든 상황이었다. 이미 내려가 버린 아버지를 신음하듯 불러봤지만 소용없었다. 주변 사람들이 나를 안쓰러운 눈으로 쳐다보았다. 아이는 한밤중이었고 짐이 많아 유모차를 통째로 들고 갈 수도 없었다. 할 수 없이 괴력을 발휘했다. 아이를 젖은 이불처럼 어깨에 들처 메고 양손에 유모차와 짐을 들고 에스컬레이터에 올랐다.

등에 땀이 주르륵 흘렀다. 힘들게 입국장에 도착했지만 대기하는 인파의 줄 끝이 보이질 않았다. 비행기에서 내린 지 두 시간이 흘러도 입국의 기회는 쉽사리 주어지지 않았다. 새삼스레 유모차의 위력을 실감했다. 아이와 여행할 때는 유모차가 '최애템'이라는 여행 선배의 말이 감사하게 느껴지는 순간이었다. 비좁아 불편할 법도 한데 미동도 없이 아들 녀석은 두 시간째 쿨쿨 자고 있었다.

목적지에 도착했다는 설렘도 잠시, 이제는 영어 모드로 언어를 전환해야 하는 시간이 다가왔다. 버튼 하나로 영어가 술술 나오면 좋겠지만 내 용량이 따라주지 않는 것 같았다. 해외생활도 제법 했고 국제 학교 출신이기도 했지만 10년간 쓰지 않은 영어를 다시 쓰기가 쉽지 않았다. 입국 세 시간만에 심사대 앞에 섰다. 가족은 한 번에 심사가 가능하다고 했다. 함께 심사를 받을 수 있으니, 미국 유학파인 아버지 덕분에 입국 심사가 원활하겠구나 하는 안도감이 몰려왔다. 그런데 아버지는 갑자기 ESTA 같은 각종 서류 뭉치를 나에게 넘겼다.

"잘 보관해둬."

나더러 그들을 상대하라는 의미였다. 다시 등줄기에 땀이 한 줄기 흘러내렸다. 갑작스럽게도 우리 삼대의 미국 입국 여부는 내 영어 실력에 의해 결정나게 되었다.

떨리는 입국 심사가 진행되었다. "왜 미국에 왔니? 어디 갈 거니, 어디서 잘 거니? 미국에 아는 사람이 있니?"와 같은 기본적인 질문만 쏟아졌다. 깨끗한 음성으로 뇌리에 박히는 쉬운 질문이라 안심했다. "Next(다음 분)!"이라는 반가운 외침과 동시에 우리는 미국 땅에 정식으로 입성했다.

매형이 마중 나와 있을 텐데 기다리느라 힘들었겠다는 생각이 그제야 들었다. 18킬로그램짜리 여행 가방을 찾아 출구 방향으로 나가니 반가운 매형이 보였다. 우리보다 더 지쳐 보이는 얼굴이었지만 어쨌든 먼 곳에서 익숙한 사람을 만나니 긴장이 사르르 풀렸다. 시애틀 공항이 미국 내에서도 가장 붐비는 공항 중 하나라는 말이 다소 위로가 되었다.

시애틀은 아주 시원한 바람이 부는 도시였다. 하늘은 컴퓨터 포토샵에서 만들어낸 하늘색만큼 깨끗했다. 도시의 '공기 맛'이 달랐다. 한국에서 실컷 흡입해온 텁텁하고 습하고 후끈한 공기와는 비교가 되지 않았다. 수수하고 시멘트 색깔이 주를 이루는 평범한 도시였지만, 곳곳이 숲으로 뒤덮여 있었다.

말 그대로 건물 반 나무 반. 그 숲이 이토록 깨끗한 공기의 원동력이겠지 생각했다. 우리나라도 도심과 녹지 공간의 비율을 법으로 철저히 정해둔다면 자연스레 도시 정화가 되지 않을까 싶었다.

누나의 집에 도착했다. 동생이 와서였을까, 아니면 친정아버지가 와서였을까. 전혀 예상치 못한 진수성찬이 차려져 있었다. 오후 세 시가 넘어서 먹는 점심 식사, 한국 시각으로는 새벽에 먹는 밥이었다. 어릴 적 티격태격하던 그 누나가 만든 밥이 맞나 싶을 정도로 멋진 음식이었다. 혹시나 사온 음식은 아닐까 하는 의심도 들었지만 잡념은 접어두고 맛있게 먹어치웠다.

미국 시각으로 오후 여덟 시경이 되자 몸은 천근만근이었다. 하지만 우리 삼대의 정신은 시차 때문에 점점 더 또렷해지고 있었다. 그냥 잠들기는 아깝다는 중론이 모였다. 모두 근처에 있는 '타깃'이라는 마트에 갔다. 마트에 들어서자 정말로 미국에 왔다는 것을 실감했다. 안타깝게도 체력은 거의 방전된 상태였다. 졸음이 밀려와 마음 같아서는 카트에 들어가서 잠깐 눈을 붙이고 싶었다. 그러나 아버지는 흥에 겨워 보였고 아이들은 게임기 코너에서 싱글벙글이었다.

좀비 상태가 되어 집으로 돌아왔다. 번개같이 환복하고 씻은 다음 침대에 누워 잠을 청하려 했다.

"엄마, 엄마 보고 싶어. 으앙……."

잠이 확 달아나는 아들의 울음소리. 녀석이 갑자기 엄마가 보고 싶다며 침대에 누운 채 울고 있었다.

"울지 마. 아빠도 엄마랑 같이 오고 싶었는데 어쩔 수 없었어."

아들이 엄마가 보고 싶다며 울고 있으니, 나도 세상을 떠난 엄마 생각에 눈물이 날 것만 같았다. 하지만 내가 당장 해야 할 일은 녀석을 달래는 것이었다. 미국에서의 첫날 밤은 그렇게 슬픔에 젖은 채 지나갔다.

아침에 눈을 뜨니 7월 1일이 되어 있었다. 미국에서 맞이하는 첫 아침. 새벽 네 시경에 저절로 눈이 번쩍 떠졌다. 누군가가 그랬다. 여행을 가서 새벽에 눈이 떠지면 절대로 침대에서 일어나지 말라고. 그래야만 시차 적응을 할 수 있다나. 다시 잠들 수 없다 해도 누워 있으면 좀 낫다는 말이 떠올라 잠깐 누워 있긴 했으나, 창밖에서 새소리가 들리고 시원한 아침 바람이 느껴져 곧바로 창가로 향했다. 시애틀의 아침은 너무나도 개운하고 상쾌했다. 한국이었다면 섭씨 30도를 육박했을 텐데 그날 아침 오전 기온은 14도였다.

아침에 일어나자마자 마당 밖에서 뛰놀 수 있는 주택살이의 일상에 감탄하는 사이, 교회에 갔던 누나네 가족이 돌아왔다. 그날 오후 다섯 시경 우리는 시애틀을 떠나 라스베이거스로 향하는 비행기를 타야 했다. 바쁘게 움직여야 했다.

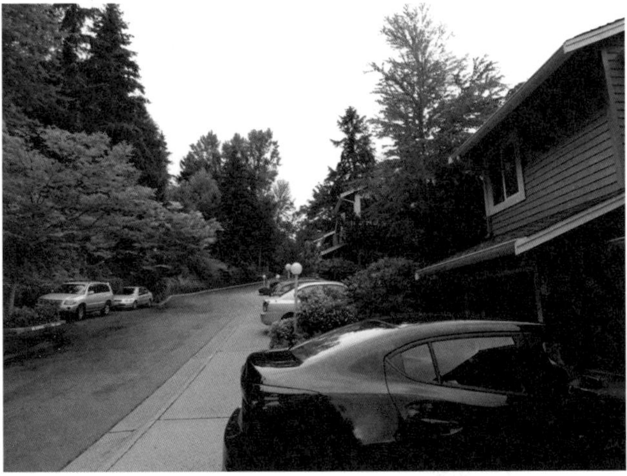

시애틀 평범한 주택의 차고에서 아들과 사진 한 장을 남겼다.

Tips & TMI #2

아이랑 미국 여행 갈 때 준비물

아빠 혼자서 여섯 살 남자아이를 데리고 태평양을 건너는 일은 큰 모험이다. 아이가 비행기를 처음 타보는 상황이라면 갑갑한 공간을 견딜 수 있을지 걱정되기 마련. 다음 열 가지만 꼼꼼하게 준비하면 아이도 여행을 즐길 수 있을 것이다.

1. 출발 몇 개월 전부터 여행 이야기를 함께 나눈다

아이도 엄마 없는 여행에 대한 마음의 준비가 필요하다. 미리 갈 곳에 대해 알려주고, 비행기를 탄다는 이야기도 미리 해주자. 엄마가 없을 경우 어떻게 행동해야 하는지도 미리 이야기해주면 확실히 충격 쿠션이 생긴다.

2. 비행기를 처음 타본다면 미리 경험시키는 게 좋다

비행기 이착륙 시 롤러코스터를 타는 듯한 느낌을 아이가 견딜 수 있을지, 기압 차로 생기는 귀 통증을 참을 수 있을지, 좁은 비행기 자리에 적응할지 걱정되는가? 그렇다면 극약 처방으로 서울-부산 비행기에라도 미리 태워보자. 가까운 곳으로 가족 여행을 가보고 아이가 오랜 비행 시간은 도저히 견디지 못하겠다는 판단이 들면 장거리 여행은 다음 기회로 미루자.

3. 비행기 안에서의 이벤트를 준비한다

아무래도 아빠는 엄마에 비해 비상시 대처 능력이 서툴다. 아이가 좋아하는 장난감 한두 개를 준비하고 영상물을 적절히 활용할 수 있도록 태블릿 피시와 스마트폰에 미리 받아두자. 가급적 텔레비전 편성표처럼 비행기 안에서의 영상 상영 스케줄을 계획해두면 좋다.

4. 여행 준비는 아이와 함께 한다

여행 짐을 꾸릴 때 아이를 불러서 요모조모 설명해주면 좋다. 여행에 필요한 물건을 사러 갈 때 아이와 함께 가고, 같이 물건을 고르면서 용도를 설명해주면 여행에 대한 호기심이 생긴다.

5. 상비약은 과하다 싶을 만큼 준비하자

타지에서 아이가 아프면 대책이 없다. 게다가 아이 엄마가 옆에 없을 때는 의지할 수 있는 게 약뿐이다. 약만큼은 아끼지 말고 가져가자.

• 해열제: 꼭 준비할 것. 알 수 없는 감염이 생길 경우 아이들은 열부터 난다. 평소 아이 몸에 잘 듣는 해열제를 충분히 준비하고 교차 복용이 가능한 다른 계열의 해열제도 넉넉히 준비한다.
• 물파스: 미국 사막은 몹시 덥고 건조해서 모기가 별로 없는 편. 그러나 간혹 모기에 물리면 아이들은 피가 나도록 긁으니 상비용으

로 가져가는 게 좋다.

- 머큐로크롬: 상처 났을 때 바르고 소독할 수 있는 일명 '빨간약'도 준비하면 좋다.
- 반창고: 크고 작은 상처를 보호하는 데 필요하다.
- 위장약: 음식이 달라 고생할 수 있다. 소화 불량, 설사, 복통 등을 대비한 약을 준비하자.
- 아이의 컨디션에 조금이라도 불안한 부분이 있다면 출발 전 소아과 검진을 미리 받아보자.

6. 수영복은 필수

미국은 수영 시설이 풍부하다. 아이들을 위한 수영장도 많다. 그러니 멋진 수영복 하나쯤은 꼭 가져가자. 아이들에겐 물놀이만큼 행복한 놀이가 없다.

7. 패션 잡화류

멋진 사진을 남기기 위해서, 눈부신 미국 서부의 햇볕을 피하기 위해서 어른은 물론 어린이용 선글라스도 준비하자. 아이들 것은 쓰기 쉽고, 목에 걸 수 있는 걸이가 달린 선글라스면 충분하다. 아이들 머리는 순식간에 크니 비싼 선글라스는 필요 없다.

실내화 같은 슬리퍼도 준비하면 좋다. 미국 호텔은 신발을 벗고 생활하기에 애매하므로 편하게 신을 슬리퍼나 실내화 하나 정도는 챙기자. 운동화와 샌들도 한 켤레씩 가져가면 좋다. 여행을 기념하며 미국에서 구매해도 좋다.

모자도 꼭 준비하자. 카우보이 모자같이 챙이 넓은 모자를 준비해야 뜨거운 햇볕을 피할 수 있다.

8. 목 베개와 유모차

아이들도 시차 적응에 애를 먹는다. 졸리면 자야 한다. 특히 이동하는 동안 잠들 경우가 많은데 아이가 많이 어리다면 목 가누기가 더욱 힘들 수 있다. 자동차 카시트도 없을 수 있으니 목 베개를 꼭 챙기자. 바람을 불어넣어 쓰는 베개는 내구성이 떨어지고 푹신하지도 않으므로 패브릭 제품을 준비하자.

네다섯 살 정도 되면 아이는 유모차 없이도 잘 걷는다. 여섯 살이 넘은 아들 녀석에게 유모차는 여행 현지에서 크게 필요 없었지만 공항에서는 매우 편리했다. 탑승구까지 태우고 가면 비행기에 일찍 오를 수 있고, 도착지에 내리면 유모차가 미리 준비되어 있으니 유용하다.

9. 가장 중요한 것은 옷

호텔을 예약할 때 세탁 시설이 있는 호텔을 선택하자. 여행 중 이삼일마다 세탁할 수 있다면 짐 싸기가 수월해져 준비해갈 옷 양을 줄일 수 있다. 잠옷 두 벌, 반팔 티셔츠 다섯 장, 반바지 두 장, 긴팔

셔츠와 긴바지 각각 두 벌, 쉽게 걸칠 수 있는 바람막이도 하나 챙기면 충분하다. 물론 여름 여행 기준이다.

10. 차량용 햇볕 가리개

선팅이 되어 있지 않은 렌터카가 많으므로 햇볕 가리개를 꼭 챙겨야 한다. 미국의 햇볕은 상상 이상으로 강렬하다. 햇볕을 차단할 선크림도 잊지 말자. 선크림은 현지에 가서 구매해도 무방하다.

사막이라지만
더워도 너무 덥잖아

– 시애틀에서 라스베이거스까지 1,400킬로미터를 날아가다

어제 세 시간 동안 무사비한 입국 수속 이벤트가 벌어졌던 시애틀 공항으로 다시 향했다. 라스베이거스로 가는 비행기를 타기 위해서였다. 공항의 정식 명칭은 시애틀-타코마 국제공항이다. 타코마라는 곳은 시애틀 남쪽에 있는 도시 이름이니 서울로 치면 서울-수원 국제공항인 셈이다.

미국에 와서 미국의 저가 국내 항공기를 타게 될 줄은 꿈에도 몰랐다. 그런데 카운터에서 체크인하려니 한 명당 1달러를 내라고 했다. 무인 시스템에서 체크인하면 무료였으나, 짐을 보내려면 다시 카운터에 와서 직원에게 부탁을 해야 하는 아이러니한 상황이 펼쳐졌다. 또한 직원의 친절한 미소마저 유료인 건지 모든 서비스가 '저가'스러웠다.

체크인 수속 후에는 미국 공항의 거친 입국 검사대를 지나

야 했다. 9.11 테러 사건 이후 생긴 전신 스캐너에 모든 것을 쏟아낼 차례였다. 미국 내 항공편은 심사가 까다롭다고 소문이 나 있었는데 쾌활한 아저씨가 여권과 탑승권을 검사하고 있었다. 과도한 붙임성과 친절이라고 느껴질 만큼 밝은 직원이었다. 아버지를 챙겨야 하나 싶어 고개를 돌렸다. 재빠른 아버지가 먼저 그 양반을 상대하고 있었다. 다음은 내 순서. 아직 완벽하게 전환되지 않은 영어 모드였지만 직원들의 영어 질문은 가차 없었다.

"Hello, Mr. Kim. How's the day(안녕하세요, 김 선생님. 오늘 기분 어떠세요)?"

'오늘 어떻냐고요? 말 걸지 마쇼. 그냥 바로 들어가고 싶으니까.'

시니컬한 답변이 머리를 스쳤다. 학교에서 배웠던 대로 "아임 파인"을 큰 소리로 외쳐볼까 고민하다가 기왕 이렇게 된 거 영어 디엔에이를 자극할 겸 이야기를 좀 해보자 싶었다.

"Yeah, Thank you so much, sir. Everything's fine. How is it goin' as well(네, 고맙습니다. 다 좋아요. 당신은요)?"

맨해튼 할렘 가의 느낌처럼 발음도 약간 굴려보았다. 평퍼짐한 아시아 남자의 입에서 제법 괜찮은 영어 문장이 흘러나오자 직원은 긴장이라도 한 걸까? 아무런 대답이 없었다. 그저 티켓에 동그라미 하나만 남기며 탑승을 허락해줄 뿐.

시애틀 국내선의 수속장은 별반 새로운 것이 없어 보였다. 인천 공항과 달리 끼니를 해결할 수 있는 음식점이라고는 달랑 패밀리 레스토랑 한 곳. 한국에서라면 기름진 음식쯤이야 쉽게 소화해낼 식성인데 위장도 시차 적응 중인지 썩 내키지가 않았다. 무얼 먹을까 고민하던 찰나, 아버지가 아무런 말도 없이 경보 걸음으로 전진했다. 당신이 알고 있는 일본식 음식점이 있다며 한 번 보고 온다는 게 아닌가. 약 5년 전 아버지가 어머니와 함께 시애틀을 여행한 적 있다는 사실이 떠올랐다. 별다른 걱정 없이 멀어져가는 아버지를 지켜보았다. 10여 분 뒤 아버지는 주먹밥, 삼각김밥 같은 음식을 양손 가득 들고 왔다. 미치 일식집을 싹쓸이라도 한 듯했다. 대한민국 한 편의점에서 막 공수해온 것처럼 익숙한 음식이었다. 별것 아닌 것에서 마냥 반가운 마음이 샘솟았다.

그런데 이 소중한 음식을 펼쳐 먹을 만한 곳이 없었다. MBA 학위를 딴 두 사람과, 박사 학위를 딴 사람, 영재 학교를 다니는 아이들이 모여 잔머리를 굴렸다. 결론은 커피숍을 찾자였다. 커피를 여러 잔 시킨 뒤 가장 큰 테이블을 점령해서 등 돌리고 밥을 먹자는 거였다. 결국 우리는 언제 다시 시애틀 공항의 이 커피숍에 오겠냐 하면서 안방처럼 편하게 식사했다. 현지인이 봤다면 꽤나 꼴불견이었겠지만 배고픈 우리를 막을 수 없었다. 애니메이션 〈장화 신은 고양이〉의 고양이 눈을 하고서 배

고파 하는 아이들을 보니 매우 용감해졌다.

비행기를 타고 오븐 속으로 들어가는 기분

비행기에 올랐다. 라스베이거스로 두 시간 하고도 10분 더 이동해야 했다. 서울-부산을 비행기로 50분 만에 가는데 두 시간이 걸린다니, 백두산에서 한라산까지 한반도를 가로지르는 느낌이었다. 이동 거리도 약 1,400킬로미터. 미국 땅의 크기가 피부로 와닿았다. 하늘에 구름이 거의 없어서 비행기 창문 너머로 미국 땅이 한눈에 들어왔다. 만년설로 뒤덮인 레이니어 산봉우리가 보였고 황량한 서부 사막도 뚜렷하게 보였다.

시차에 적응하느라 힘들어하는 아들을 달래줄 방법이 없었다. 스마트폰에 있는 18개월짜리 딸 사진을 열었다. 싸울 일밖에 없던 동생의 모습을 보더니 아들 녀석 표정은 더욱 어두워졌다. 이윽고 아이 엄마 사진이 나왔다.

"엉엉……, 엄마."

아들 녀석은 갑자기 닭똥 같은 눈물을 흘리며 대성통곡했다. 승객들 시선이 우리 자리로 몰렸다. 아이에게 왜 우느냐고 물었다.

"엄마가 보고 싶어서 우는 거야?"

비행기에서 내려다본 모습은 장관이었다.

대답 없이 고개만 끄덕이는 아이.

'미안하다, 아들아. 그냥 이렇게 여행하자. 네 엄마는 한국에라도 있잖니.'

나도 말없이 아이 등을 다독였다. 겨우 울음을 그친 아이는 쿨쿨 잠들었다. 도착지에 다 와갈 때쯤 잠드는 습관을 보니 내 핏줄이 맞는 듯했다.

잠시 뒤 비행기가 착륙했다. 착륙 서스펜션도 저가 항공기답게 터프했다. 창밖으로 이글거리는 아지랑이가 보였다. 내릴 엄두가 나지 않았다. 예전에 라스베이거스에서 느꼈던 열기가 생생하게 떠올랐다. 건조한 대기 덕분에 견딜 만했던가. 용기를 내어 밖으로 나갔다. 신음 소리 같은 탄식이 저절로 나왔다. 10년 전 느꼈던 건 더위가 아니었나 보다. 문득 기온이 궁금해져 스마트폰을 열어보니 책에서나 볼 수 있는 숫자, 41도가 찍혀 있었다.

라스베이거스에 왔음을 증명해주는 건 열기 말고도 또 있었다. 비행기에서 내려 공항에 들어서자마자 눈에 보이는 화려한 슬롯머신 게임기. 이 화려한 기계가 잘 작동하는지 적극적으로 시험해보고 싶었으나 가족이 옆에 있어서 곧바로 렌터카를 찾으러 이동했다.

헤어드라이어에서 나오는 뜨거운 바람을 쉬지 않고 맞는 느낌이랄까. 렌터카 센터로 이동할 때 느낀 라스베이거스 날씨는 너무나 덥고 뜨거웠다. 바싹 마른 공기가 콧속으로 들어오니 정신이 번쩍 들었다. 우리가 빌린 7인승짜리 거대한 카라반에 모든 짐을 넣고 시내로 들어서니 정말로 라스베이거스에 왔다는 것이 느껴졌다. 화려한 라스베이거스 거리는 사람들로 붐비고 있었다.

생존을 위한 여행이 시작되었다

호텔에 짐을 내리며 든 생각.

'배고프다.'

아이들도 배고프다며 아우성이었다.

시애틀 공항 커피숍에서 허겁지겁 삼각김밥으로 끼니를 때우고 왔으니 배고픈 게 당연했다.

우리가 예약한 '더 베네시안 호텔'은 화려하고 멋진 곳이었다. '초대형', '최고급'이라는 수식어가 잘 어울리는 호텔이었다.

"여행 경비를 초반에 다 써버리는 거 아니야?"

호텔을 예약했던 누나에게 물었다. 하지만 미국 팀은 그동안 꾸준히 여행을 다닌 덕분에 무료 티켓이 있었다. 또 초과된 금액은 포인트로 결제해서 한 푼도 내지 않고 라스베이거스의 최고급 호텔을 예약할 수 있었다. 그들이 지난 몇 년간 쌓아온 꿈을 우리 삼대가 허무하게 짓밟은 건 아닐까 미안한 마음이 들었지만, 미국 팀도 우리 덕분에 이토록 화려한 호텔에 온 것이라고 여기기로 했다.

시애틀에서 저녁 다섯 시가 다 되어서 비행기를 탔더니 라스베이거스는 벌써 밤 여덟 시경. 식사를 어디서 해결해야 할지 의견이 갈렸다. '그냥 근처에 가서 고르지 뭐'라는 안이한 마음 때문이었는지 의견 일치가 되지 않았다. 이탈리안 레스토랑이 거론되었고 햄버거 전문점, 베트남 식당, 호텔 뷔페 등 모든 음식점이 출동했지만 결국 한식당에 가기로 했다. 다행히 한식당은 3년 전 업무 출장 차 라스베이거스에 잠시 왔을 때 가본 곳이라 익숙한 척 가족들을 안내했다. 식당에 앉자마자 연륜과 노하우가 한가득인 아버지의 '노 룩' 주문이 술술 나왔다.

"왼쪽 제일 위에 있는 고기 메뉴 4인분이랑 맥주 두 병, 소주 한 병 시켜봐라."

꽃등심 4인분에 삼겹살을 추가하고 시원한 맥주까지 마시니 "아, 여행 왔구나. 즐겁구나" 하는 감탄이 절로 흘러나왔다.

"애들아, 맛있어?"

먹느라 분주한 아이들은 엄지손가락을 척 치켜세웠다. 식사 시간에 항상 딴짓을 하거나 깨작거리며 음식을 먹는 둥 마는 둥 하던 아들 녀석도 정신없이 고기를 흡입하고 있었다.

맥주 한잔 걸친 아버지의 얼굴은 해석하기 어려운 미소로 가득했다. 분명 즐거운 표정이었지만 진한 아쉬움과 그리움이 어렸다. 이곳에 의자 한 개가 더 놓였다면, 그 의자에 엄마가 앉아 있었다면……. 어쨌거나 무사히 여행지에 도착했고 한국 음식까지 먹었더니 사막에서도 살아 돌아갈 체력을 다시 얻은 듯했다.

하지만 그때는 몰랐다. 훌륭한 식사가 앞으로 더는 없을 것이라는걸.

이탈리아 느낌이 물씬 풍기는 멋지고 큰 호텔에서 여행을 시작했다.

제아무리 라스베이거스라도 밤이 되면 더위가 가시리라 여겼는데 오해였다. 열 시가 다 된 시각임에도 여전히 덥고 뜨거운 헤어드라이어 바람이 불고 있었다. 맥주와 고기 맛에 취한 채 온 가족이 함께 라스베이거스 밤거리를 배회하기로 했다. 사실 라스베이거스에서의 첫날 밤을 위해 따로 준비한 계획이 없었다. 난감했다. 어디를 가야할까, 모든 연령을 만족시킬 곳이 당최 떠오르지 않았다. 가이드를 자처한 내가 손들고 나섰다.

"엠앤엠 월드에 가자."

엠앤엠 월드는 초대형 4층짜리 초콜릿 가게였다. 아버지께는 죄송했지만 아이들을 위한 선택이었다. 그런데 죄송은 무슨, 한잔 걸쭉하게 걸친 아버지가 더 적극적이었다. 형형색색 초콜릿을 손자들 셋과 함께 고르고 노래를 부르며 흥을 내던 아버지. 서울에 있는 막내 손녀 주라며 캐릭터가 그려진 옷까지 가장 먼저 결제했다.

"초콜릿이 이렇게나 많다니!"

아이들은 반 실성한 상태였다. 의외의 장소에서 모두에게 즐거움을 선사한 듯하여 자신감이 생겼다. 여행 오기 참 잘했다는 생각도 들었다. 왠지 이번 여행은 성공적으로 마무리될 것 같았다.

호텔로 돌아오니 시곗바늘은 밤 열한 시를 가리키고 있었다. 짐을 정리하고 씻고 옷을 갈아입자 아이들은 기절하듯 잠

엠앤엠 월드(M&M's World)는 모두의 사랑을 듬뿍 받았다.

들었다. 나도 피로를 견딜 수 없어 잠을 청하려는데 아버지가 문 앞에서 서성이고 있었다.

"아버지, 안 주무세요?"

"나갔다 올란다. 자라."

"네? 어딜요. 이 밤에. 여기 미국이잖아요."

아버지와 함께 따라 나섰어야 했으나 전혀 움직일 수 없는 컨디션이었다. 영혼마저 침대에 붙어버린 느낌이었다. 결국 아버지 혼자 외출을 감행했다. 그날 아버지가 몇 시에 돌아왔는지 아직도 모른다. 호텔 게임 사업에 투자라도 하러 가신 건 아닐까 싶었지만, 아버지는 그냥 야경 사진을 찍고 왔다고 했다. 무사히 돌아왔으니 다행이었다. 라스베이거스에서 첫날 밤은 그렇게 마무리되었다.

라스베이거스를 바라보는 다른 시선

- 40도를 훌쩍 넘는 라스베이거스에서의 이튿날

비행기도 탔고 미국 땅도 밟았다. 라스베이거스에 있다는 사실만으로도 즐겁고 신났다. 하지만 즐거움을 가로막는 존재가 있었으니 다름 아닌 시차였다. 아침 일찍 잠에서 깨어 침대에서 뒤척였다. 아버지와 아들 녀석도 따라 뒤척였다. 서울 팀은 전원 기상할 분위기. 낯선 장소라서 그런지 다시 잠들 것 같진 않았다. 벌떡 일어났다. 동시에 아버지도 기다렸다는 듯이 일어났다. 밖을 내다보니 오늘도 무척이나 덥겠구나 싶을 정도로 아침 태양이 강렬했다.

"쿵"

멀리서 소리가 나서 급히 고개를 돌렸다. 아들 녀석이 침대에서 떨어진 것이었다. 미국 호텔 침대는 오죽 높으랴. 녀석은 제 키만큼 높은 침대에서 자다가 굴러 떨어진 것이었다. 졸린 눈을 비비며 침대 위로 기어 올라가려고 애쓰는 모습이 안쓰러웠다. 아들 녀석을 다시 침대에 올려주느라 힘을 썼더니 잠이 확 달아나버렸다.

"나가자."

"렛츠 고."

아버지와 나는 두 마디 대화 후 옷을 주섬주섬 챙겨 입었다. 손에는 카메라가 들린 채였다.

오전 6시 30분. 로비로 내려가니 이른 시각에도 카지노는 화려했다. 듬성듬성 사람들이 앉아서 게임을 즐기고 있었다. 간밤의 실수를 만회라도 하려는지 독기를 품은 듯한 할머니도 눈에 띄었다. 잠깐이라도 그녀와 눈이 마주쳤다가는 큰일 날 것 같아 자리를 피했다.

밖을 나가보니 더 가관이었다. 어떤 이들은 술이 덜 깬 채 맨몸으로 벤치를 지키고 있었다. 약에 절어 있는 듯 동공이 풀린 채 멍하니 버스 정류장을 붙잡고 서 있는 노인도 있었다. 환락의 도시에서 화려한 카지노의 밤을 즐긴 사람들이 아침 거리를 활보하는 것은 당연한 이치겠지만 유쾌한 풍경은 아니었다. 이른 아침에 35도가 넘는 기온도 견디기 어려웠다. 아버지와 여기저기 둘러보다가 더 걷기에는 무리라 다시 호텔로 향했다.

윈 라스베이거스 호텔의 화려한 인테리어에 시선을 빼앗겼다.

라스베이거스의 이튿날, 계획대로라면 아버지와 나는 이곳에서 서쪽으로 한 시간 반가량을 이동하면 나타나는 데스밸리 국립공원 투어를 떠났어야 했다. 영화 〈스타워즈〉의 촬영 장소이기도 한 데스밸리는 단테의 전망대, 배드 워터, 악마의 골프장처럼 매력적인 곳을 품은 국립공원이다.

데스밸리는 여름철에 사고가 나면 생명이 위험해질 만큼 햇볕을 피할 곳이 없어서 자유 여행으로 가기에는 적합하지 않다는 평이 지배적이었다. 그래서 특별히 오랜 전통을 가진 여행사를 골라 출국 전 한국에서 예약했다. 투어는 기본적으로 네 명이 모여야 하지만 추가 요금을 지불하면 두 명 출발도 가능하다고 해서 예약을 걸어둔 상태였다.

“6월 30일 출국인데 그때까지 확정이 안 되면 저희 두 명만 떠날게요.

“알겠습니다. 사이트에 등록해주세요.”

“아버지 모시고 단둘이 가니 잘 좀 부탁드립니다.”

“저희는 전문가입니다. 걱정 마십시오.”

그들의 자부심에 별다른 의심을 하지 않았고 시애틀에 도착했다. 그런데 여행사 측에선 그사이 아무 연락이 없었다. 기다리다 지쳐 먼저 연락하니 황당한 답변이 돌아왔다.

“지금은 독립기념일 휴일 시즌이라 가이드 배정이 힘듭니다. 최대한 빨리 섭외해보겠습니다. 조금만 기다려주세요."

"네? 저희 지금 라스베이거스로 가요. 내일이 투어 날인데 가이드가 없다니 미리 말씀해주셨어야지요. 언제까지 알려주실 수 있나요, 저희 곧 공항으로 출발할 건데."

"사이트에 등록하셨나요?"

"네 물론이죠. 등록했고, 네 명 중 두 명만 되어도 투어가 진행된다고 해서 기다리는 중이었어요."

"확정되는 팀이 우선입니다."

여행사는 책임을 우리에게 떠넘기듯 이야기했다. 조금씩 머리 뚜껑에 실금이 생기는 듯한 기분이 들었다. 그래도 여행을 망치고 싶지는 않아서 차분하게 대응했다.

"잠깐만요. 저희 확정했어요. 카톡 메시지 캡처한 거 보세요. 일단 알겠으니까 어서 알아봐주시겠어요? 안 되면 다른 데 알아봐야 하니."

"음, 서운하게 여기진 말아주세요. 또 저희가 부족해서 생긴 일은 아니라는 점 알아주셨으면 합니다."

대체 무슨 말인지 단번에 이해되지 않았다. 곰곰 헤아려보니 그들은 출구 전략을 짜는 듯했다. 끝까지 무책임하게 발뺌하는 것 같아서 화가 났다.

"휴, 그래서 몇 시까지 알려줄 건가요?"

"메시지에 남겼는데요? 한두 시간 후까지 알아보겠다고."

통명한 여행사 측 태도에 더 이상 참을 수 없었다. 응대하는 이도 사람인지라 짜증이 날 수 있겠지만, 나로서는 뒤통수를 맞은 기분이라 더욱 불쾌했다.

"여보세요 사장님. 저랑 말장난하십니까? 한국에서 카페에 글 올리셨고, 카톡 메시지로 분명 두 명이라도 출발한다고 했는데 못 간다니요. 게다가 연락도 없이."

최대한 정중하게, 그리고 이성적인 사람처럼 처신해야 했다. 화내지 않되 날 선 목소리로 이야기했으나 상황은 오히려 산으로 갔다.

"손님, 저도 오늘 휴일입니다. 휴일에 쉬지도 못하게 이게 뭡니까."

"뭐라고요? 알았어요. 장사 그렇게 하지 마시고요. 직원 교육 잘 시키십시오. 이게 뭡니까. 쉬세요. 안 갑니다."

결국 데스밸리 투어는 무산되었다. 꾹 참고 한두 시간을 기다렸어야 했나 싶었지만 기분이 너무 상해버렸다. 한 번도 본 적 없는 여행사 직원인지 사장인지와 한바탕했더니 하루를 완전히 망친 듯했다. 하지만 뜻밖에 소식이 들려와 기분이 조금 누그러졌다. 데스밸리의 기온이 섭씨 49도에 달한다는 기사였다. 이틀 뒤 데스밸리의 기온은 53도까지 올라갔다.

"차라리 잘됐네, 뭐."

"야, 거긴 더워도 너무 더워. 현지인들도 7월에는 안 가는 곳이야."

잘됐다며 좋게 넘기려는 아버지와 애초에 가는 거 반대했다고 말하는 누나 덕분에 마음을 삭혔으나, 여행사의 농단은 아직도 미스터리다.

어쨌든 투어는 일방적으로 취소를 당한 셈이 되었고 라스베이거스에서의 둘째 날 일정이 텅텅 비었다. 당시는 러시아 월드컵이 한창이었다. 일본이 벨기에를 2 대 0으로 이기고 있다는 소식에 숙소에 눌러앉아 중계를 보고 싶기도 했다. 하지만 배도 고프고 무언가를 해야 한다는 의무감이 솟아 밖으로 나가기로 했다.

라스베이거스의 대명사 중 하나는 쇼핑몰이 아니던가. 오늘 하루는 아웃렛에서 시작하기로 긴급 합의를 보았다. 이 와중에 아이들은 인앤아웃 버거에 가자고 노래를 불렀다. 미국의 남서부에만 있는 햄버거집이라나. 정작 한국에서 온 손님들은 아무 반응이 없는데 미국에 살고 있는 조카들이 성화였다.

덥다 해도 습하지 않아서 견딜 수 있을 거라 생각했는데 큰 오산이었다. 햇볕이 너무 뜨거워 피부가 불에 타는 듯했다. 거대한 오븐 속을 달려 도착한 첫 번째 햄버거집. 사람이 어찌나 많던지 일곱 명이 모두 앉을 빈자리를 찾는 게 급선무였다.

"햄버거는 어린이 몸에 안 좋아."

여태껏 햄버거를 먹어보지 못한 아들 녀석이 어디선가 주

워들은 말을 내뱉었다. 햄버거의 본고장 미국에서도 일품이라는 인앤아웃 버거 매장에서 그토록 소신 있는 발언을 하다니. 아들을 보며 환히 웃었다.

기대가 너무 컸던 걸까. 조카들이 인앤아웃 버거는 꼭 먹어야 한다고 한 이유가 궁금해졌다. 야채가 신선하고, 현장에서 막 잘라 튀긴 감자튀김이 바삭하다는 것 말고는 특색을 찾지 못했다. 솔직히 서울 양천구에 있는 모 햄버거 가게가 더 낫겠다는 생각이었다. 미국에서 가장 핫하다는 햄버거집이 기대 이하라니 의아했다.

식사를 마치고 오후 일정인 아웃렛으로 향했다. 뜨거운 날씨에는 여전히 적응할 수 없었다. 더위에 질려 투덜거리다가 아이들을 위한 자동차 모양 카트를 빌릴 수 있다는 말에 정신이 번쩍 들었다.

"쇼핑할 때 주적은 아이들이야"라던 선배들의 명언을 상기해볼 때, 아이들을 카트에 '감금'할 수 있는 것은 상상만으로도 행복한 옵션이었다. 그리고 뜨거운 이 도시에서 에너지 소모량을 최소화할 수 있는 도구이기도 했다. 아웃렛의 중앙 출입구에서 카트를 빌렸는데 진짜 자동차 사이즈라 해도 믿을 만큼 크고 투박했다. 디테일은 전혀 살아 있지 않고 용도에 충실하게 만들어져서 어색했다. 하지만 아이를 어깨 위에 얹고 다니는 것보다는 훨씬 더 훌륭했기에 당당하고 자신 있게 카트를 몰고

아웃렛은 오븐 속에 들어온 것처럼 뜨거웠다.

나를 제외한 남자들은 이내 쇼핑에 지쳤다.

아웃렛에 입장했다.

그런데 남자 여섯 명 중 나를 제외한 다섯 명의 시선은 모두 멍했다. 쇼핑 따위에는 전혀 관심이 없었던 것이다. 단체로 매장을 멀뚱멀뚱 쳐다보면서 지나치기만 했다. 멍한 시선으로 마지막 매장을 향해 산책을 하는 듯한 분위기였다. 전혀 예상하지 못한 상황. 그래도 여기는 쇼핑의 천국 라스베이거스 아니던가.

허무하게 쇼핑을 끝낼 수 없다는 생각에 가장 만만해 보이는 신발 가게에 들어갔다. 다행히 일행 모두 쇼핑 본능이 살아나는 듯했다. 하지만 그것도 잠시, 아버지는 피곤한 기색으로 상점 밖 벤치에 앉아 우리를 기다리고 있었다. 죄송한 마음에 얼굴이 화끈거렸다.

지쳐 쇼핑을 끝내려는 이들과 함께

'나는 왜 여기에 있는가?'

아버지의 표정에서 심한 내적 갈등이 엿보였다. 마음이 무거웠다. 더군다나 아버지는 크고 복잡한 쇼핑몰에 익숙하지 않은 삶을 살아오셨을 테니, 당신 의지대로 상점에 들어가 물건을 구경하는 게 마냥 쉬운 일은 아니었을 터. 고민하다가 아버지도

뭔가 하나를 손에 쥐면 어떨까 싶어 어른용 신발을 보러 갔다. '한 개를 사면 두 번째 구매 시 반값에 드려요'라는 화끈한 마케팅으로 모객 중인 가게였다.

"아버지, 아들이 쏠 테니 하나 고르세요. 여기 신발 푹신하고 좋아요."

"……."

"저쪽이 남자 신발이네요. 가보시죠."

"……."

아버지는 어색한 듯 진열된 신발을 한두 번 신어보더니 금세 한 켤레를 골랐다. 이제 쇼핑에 자신감이 생긴 듯했다. 일행이 잠시 쉬는 동안 홀로 옷 가게를 슬쩍 둘러보더니 적극적으로 이곳저곳을 혼자서 탐색했다. 끝으로 모두 함께 아웃렛의 하이라이트, 말 그림 로고로 유명한 브랜드 매장에 들어섰다. 이것저것 구매한 뒤 매장 밖에 나가보니 언제 나왔는지 매형과 조카들이 지친 눈빛을 하고서 앉아 있었다. 누나에게 슬쩍 물어보니 매형도 쇼핑을 별로 안 좋아한다고 했다. 모두에게 죄송스러웠다. 아이들은 스마트폰 게임만 하고 있었고 아버지는 몹시 피곤해 보였다.

쇼핑을 마치니 오후 네 시가 넘었다. 하루를 늦게 시작한 바람에 단 한 개의 이벤트만을 끝냈을 뿐이었다. 일단 전원 아웃렛 철수. 쇼핑 단짝인 누나와 나는 밤에라도 다시 오자며 서로를 위로했다.

하루를 이렇게는 끝내기 아쉬우니 진정한 라스베이거스를 즐기러 가자는 아버지의 시그널을 읽었다. 3년 전 출장 왔을 때 라스베이거스에서 로스앤젤레스로 복귀하며 지났던 레드락 캐니언으로 향했다. 웅장한 바위 골짜기와 시원한 바람이 불던 그곳이 불현듯 생각나 즉흥적으로 정한 행선지였다.

"엄마, 우리 어디 가요?"

"호텔에 바로 안 가고 왜 돌아가."

아이들은 호텔에서 뛰노는 것이 가장 즐겁다며 노래를 불렀다. 멋진 라스베이거스에 왔는데 한 무리는 쇼핑을, 다른 무리는 야생을, 나머지는 호텔을 노래 부르다니 멋진 앙상블은 기대하기 어려웠다. 어쨌거나 다음은 온전히 아버지를 위한 시간이었다. 적당히 아이들과 타협하고 레드락 캐니언으로 향했다.

뻥 뚫린 자연 속으로 떠나니 속이 시원했다. 오늘 가지 못한 데스밸리 국립공원에 와 있다는 착각이 들 정도였다. 한국에서 여행 동선을 짤 때 목적지로 삼기도 했던 조슈아트리 국립공원 느낌도 났다. 천 년을 산다는 조슈아 나무가 지구상에서 가장 많이 퍼져 있다는 공원이라 해서 가보고 싶었는데, 이곳 레드락 캐니언에도 조슈아 나무가 있었다. 급하게 차를 세우고 아버지와 나는 카메라 셔터를 연신 눌러 첫 야행 촬영을 마쳤다.

아버지를 위해 레드락 캐니언을 찾았다.

인근 한국인이 운영하는 일식점에서 저녁을 먹고 호텔로 돌아왔다. 더위와 사투를 벌이며 각자 딴생각으로 물든 하루였지만 모두 무탈히 돌아왔으니 축하할 일이었다. 호텔에 돌아오니 아이들은 수영을 하겠다고 난리였다. 다음 날 일정을 고려해 아이들을 간신히 말렸다. 어른들은 당장 내일부터 시작될 야생 투어를 걱정하며 식량을 구비하러 인근 한인 마트로 떠났고, 남겨진 아이들은 호텔 욕조에서 수영을 대신했다.

"얘들아, 우리 여행 이틀 됐잖아. 비행기도 탔고 맛있는 것도 먹었고 쇼핑도 했고 오늘은 멋진 캐니언도 다녀왔는데 어떤 게 제일 재미있었어?"

"난 호텔에서 수영한 거!"

"나도 수영."

"저도 수영요."

'아, 수영하러 라스베이거스에 온 건 아닌데…….'

잠시 멍해졌다. 그래도 다음 날부터는 본격 야생 체험을 시작하는 만큼 아이들의 대답이 달라지길 바랐다.

Tips & TMI #3

아이들과 라스베이거스에서 즐길거리

어른들에게 라스베이거스는 천국이다. 맛있는 음식과 화려한 밤거리, 저렴한 가격 혹은 무료로 즐길 수 있는 호텔 카지노의 맥주도 최고다. 잽싸게 주변 국립공원 투어를 다녀올 수도 있지만 어린아이가 있다면 목표를 조금 낮춰야 한다. 세계적인 공연을 아이와 함께 봐도 좋고 라스베이거스 시내에서 시간을 보내도 좋다.

1. 벨라지오 분수

   벨라지오 호텔 앞 대형 호수. 매 30분마다 분수 쇼가 펼쳐진다. 라스베이거스의 아이콘이다.

2. 프레몬트 거리 익스피리언스

   라스베이거스 북부에 있는 보행자 전용 쇼핑 거리다. 미국 최대 엘이디 화면이 길거리에 설치되어 있고 가끔씩 열리는 비바 비전 라이트 쇼도 장관이다.

3. 아웃렛

   날씨가 많이 덥지 않다면 노스 아웃렛을 추천한다. 사우스 아웃렛보다 상점과 음식점이 많다.

4. 스트래토스피어 타워

라스베이거스의 유명한 전망 탑이다. 꼭대기에 가면 한국 예능에서도 소개된 초절정 롤러코스터가 있고 식당도 있다.

5. 하이 롤러

놀이동산에서나 볼 수 있던 대관람차다. 더 링크 호텔 소유이며, 높이 550피트로 세계 최대이고 한 바퀴 도는 데 30분이 걸린다.

6. 할리우드 자동차 박물관

자동차를 좋아하는 남자아이가 있다면 쉬엄쉬엄 가볼 만한 곳이다. '007 시리즈', 〈분노의 질주〉 등 할리우드 영화에 나온 자동차가 100대 이상 전시되어 있다. 아이보다 어른이 더 좋아할지도 모르겠다.

7. 월드 오브 코카콜라와 엠앤엠 월드

시내 중심가 남쪽의 하드록 카페 근처에 붙어 있는 코카콜라 및 엠앤엠 초콜릿 기념품 가게를 추천한다. 사막의 거친 환경에 지친 아이들에게는 천국이다.

8. 뉴욕-뉴욕 호텔 롤러코스터

시내 한복판 대형 호텔 건물 사이를 통과하는 롤러코스터. 키가 작은 아이는 탑승할 수 없다.

9. 더 베네시안 리조트 호텔 운하

   큰 호텔 건물의 지하에 운하가 있다는 것만으로도 물을 좋아하는 아이들에게는 신비의 대상이다. 시원한 실내에서 운하를 따라 산책하거나 쇼핑하고 식사하기에 좋다.

10. MGM 그랜드 호텔 1층

    세계적인 권투 경기, UFC 등이 열리는 곳이다. 1층은 유명한 선수들의 소장품 등이 전시되어 있어 아이와 구경하기 좋다.

여행을 이렇게 시작하고 싶지는 않았어

- 라스베이거스를 떠나며 사막 위에서 생긴 일

라스베이거스를 떠나는 날 아침이 밝았다. 계획대로라면 아침 아홉 시에 체크아웃해야 했는데 시간이 다 되어도 아무도 일어나지 않은 상태였다. 홀로 짐을 주섬주섬 챙겨보았는데 전날 오후 아웃렛을 털어버린 여파로 가방이 풍선 같았다. 기념품이나 선물을 더는 담을 수 없을 지경이었다.

라스베이거스를 여행한다면 외출 전 기온 확인은 필수다. 앱을 확인해보니 약속이나 한듯 또다시 41도란다. 7월의 라스베이거스는 40도 이하로 내려가는 날이 없어 보였다. 본격적인 국립공원 탐험을 코앞에 두고 다시 생각했더니 아무래도 한여름 라스베이거스 여행은 고민하고 선택하는 게 좋을 듯했다.

그날 오전 호텔에서 출발할 때 아들 녀석이 태어나서 처음 경험해보는 일이 있었다. 모두가 늦게 일어난 탓에 전날 밤 한인 마트에서 사온 컵라면을 뜯어 간단히 아침을 해결했는데, 이 녀석도 동참한 것이었다. 여섯 살 인생 최초로 라면에 입문하는 순간이었다.

"어? 일어났어?"

"아빠, 뭐 먹어?"

"라면."

아들 녀석이 라면을 먹겠다는 순간 덜컥 겁이 났다. 한 번도 먹어본 적 없는 음식인 데다 매콤한 맛에 유독 약한 아이였기 때문이다. 어떻게 해야 이 상황을 피할 수 있을지 막막했다.

'에이, 열 살 때 먹나 여섯 살 때 먹나 그게 그거지.'

한국에 있는 아이 엄마가 알기라도 하면 "아빠에게 아이를 맡기면 역시 안 돼"라는 핀잔을 듣기 딱 좋은 결정이었다. 하지만 어차피 다른 먹거리가 없었기에 모험을 선택했다. 걱정과 달리 아이는 몹시도 잘 먹었다. 물에 씻은 면발이 맵지 않은 데다 짭짤한 게 아주 맛있는 모양이었다. 결국 남아 있던 컵라면 한 개도 녀석이 다 먹었을 정도였다.

모두 잠이 덜 깬 채 짐을 들고 차를 타러 주차장으로 갔다. 몸이 천근만근이었지만 본격적으로 국립공원 대자연 탐방을 시작하는 날이라 호기심이 피로를 앞섰다. 아이들을 차에 태우고 짐도 모두 실었다.

라스베이거스 북쪽 사막을 횡단해 우리의 첫 국립공원인 자이언 국립공원을 향하려는 기쁨 때문이었을까. 차에 탈 때 순간적으로 손의 악력이 풀렸다.

"툭툭 퍽 쨍그랑."

아끼던 스마트폰이 떨어진 것이었다. 이 스마트폰으로 말할 것 같으면 회사에서 하사한 최신식 스마트폰이 아니던가. 기기 할부도 남아 있지 않은 녀석이라 몹시 애지중지 사용했는데 깨져버리다니. 통신사 자체 단말기 보험도 가입하지 않았던 터라 보상받을 수도 없었다.

"어, 그래도 사진은 살아 있네. 화면도 들어오고."

"조심해야겠다. 유리 파편 때문에 손가락 다치겠어."

자꾸만 불길한 징조 같았지만 이번 여행이 잘되기 위한 액땜이라고 여기며 마음을 다스렸다. 그러나 어느새 나는 미국 남서부에서 국산 스마트폰을 수리할 수 있는 곳이 있는지 이 잡듯 뒤지고 있었다. 스마트폰을 망가뜨렸다는 자책감 때문이었다. 또한 그보다 스마트폰 카메라가 만들어낼 수 있는 사진이 DSLR 카메라의 그것과는 또 다른 맛이 있었기에 여행을 기록하고 싶은 마음이 컸기 때문이었다.

역시 사막 위에서는 스마트폰을 고칠 수 없었다. 라스베이거스 시내에 사설 수리소를 발견했지만 수리 가격이 스마트폰

가격과 맞먹었다. 더군다나 이제 막 첫 국립공원으로 출발한 시점인데 스마트폰 때문에 모든 스케줄을 지체할 수 없었다. 깨진 마음과 깨진 스마트폰을 품고서 뜨거운 도시를 떠날 수밖에 없었다.

도시를 조금 벗어나니 광활하고 메마른 사막이 나타났다. 누구도 상상하지 못할 죽음의 땅이었을 텐데 강을 가로막고 후버 댐을 지어 도시를 만들 생각을 했다니 라스베이거스의 설계자와 건축가가 위대하게 느껴졌다.

첫 목적지인 자이언 국립공원까지 거리는 260킬로미터. 자동차로 세 시간 가까이 이동해야 도착할 수 있었다. 지도상으로 볼 때는 거의 직선에 가까워서 쉽고 빠르게 라스베이거스를 벗어날 수 있으리라 생각했지만 큰 오산이었다. 쉬지 않고 달려도 고속도로 끝이 보이지 않았다. 미국 땅의 광대함에 넋을 잃었다. 같은 자리에서 헛바퀴가 도는 기분이 들 만큼 망망대사(茫茫大沙)였다.

아무리 달려도 쉼터는커녕 인공 구조물 따위도 나오지 않았다. 가면 갈수록 더 넓은 평야와 메마른 돌산, 사막뿐이었다. 아이들은 지친 기색이 역력했다. 일행 모두 멍하니 창밖을 바라보았다. 차 안에는 적막만이 가득했다. 어색한 분위기를 깨려는지 아버지께서 유튜브로 음악을 틀었지만 그마저도 끊기기 일쑤였다. 청중들도 딴짓 하느라 호응도가 낮았다. 생각했던

라스베이거스를 떠나 자이언 국립공원으로 향하는 길.

여행의 낭만과는 거리가 먼 듯한 분위기였다.

이토록 지루한 사막 위 자동차 안에서도 먹을 것은 쉬지 않고 공급되었다. 마트에서 구비한 빵 수십 조각과 달콤한 과일 주스도 하나씩 하나씩 멤버들의 손으로 이동했다. 아들 녀석도 제일 뒷자리에 앉아서 마음껏 빵을 먹었고 과일 주스까지 시원하게 들이켰다. 기분이 좋아 보였다.

일어나지 말아야 할 일이 또 일어나버렸다

갑자기 오아시스 도시가 나타났다. 회색 사막 위에 초록빛 골프장이 있을 정도로 잘 정돈된 도시였다. 지도를 찾아보니 '메스키트'라는 곳이었다. 도박이 법적으로 허락된 네바다주 경계선에 건설된 도시라고 했다. 즉, '그대여, 네바다를 떠나기 전 한 번 더 도전해보세요'라며 여행객을 유혹하는 마지막 아웃렛 도시였다. 그리고 그 도시는 우리를 실망시키지 않았다.

"맥. 도. 날. 드."

점심때가 되었다. 차에서 군것질을 했지만 승객들의 허기는 가시지 않았기에 모두가 만장일치로 미국의 '김밥천국'격인 맥도날드로 뛰어 들어갔다. 그런데 아들 녀석 안색이 좋지 않았다. 바깥 날씨가 너무 뜨거워서일까. 어서 안에 들어가서 자리를 잡아야겠다는 생각이 들었다. 잘 걷지도 못하길래 번쩍 안아서 맥도날드에 들어갔는데.

"우웩, 켁, 켁, 켁 퉤퉤."

아들 녀석이 속에 있던 음식을 다 토해버렸다. 삽시간에 매장은 형용하기 어려운 냄새로 가득 찼다. 언제부터 소화가 안 되었는지 토사물 양이 엄청났다. 다행히 주변에 다른 고객은 없었다.

하나뿐인 아들이 곤경에 처했으니 물불 안 가리고 도와줘야 했지만 눈앞이 캄캄해졌다. 먼저 매장을 청소해야 할지, 녀석의 바지와 신발을 닦으러 화장실부터 가야 할지 판단이 서지 않았다. 솔직히 바닥에 토사물을 보니 아들에게는 미안하지만 뒤로 숨고 싶었다.

'침착해야 한다. 어차피 바닥 청소에는 도구가 필요하다. 아들은 엉망이고 나도 엉망이 되었다. 휴지가 화장실에 있을 테니 일단 화장실부터 가자.'

일차로 화장실에서 사투를 벌인 끝에 분비물을 하수구로 흘려보냈다. 신발과 옷을 닦고 아들을 화장실에서 간단하게 씻긴 뒤 이후 일곱 명이 맥도날드에서 사 먹은 음식 값보다 더 비싼 엄청난 양의 휴지로 서로를 닦고 말려주었다. 그리고 밖으로 나와 숨을 크게 들이쉬고 녀석의 그것을 치우기 시작했다. 내가 이렇게 무릎을 굽힌 적이 있던가. 10여 년 전 청혼할 때도 이토록 바짝 굽히지는 않았던 것 같은데. 꿇어앉아 연신 바닥을 닦았다. 그런데 그 면적은 미국 땅만큼 커서 잘 해결되지 않았다. 미국 꼬마들이 코를 막고 킥킥거리며 지나가자 정신이 아득해졌다.

결국 직원을 불러 팁을 주며 도움을 요청했다. 혹여나 언어도 잘 통하지 않는 외국 땅에서 공격이라도 받으면 안 된다는 마음 때문에 광이 나도록 바닥을 닦고 또 닦았다.

어느 정도 사태가 수습되니 그제야 아들 녀석이 눈에 들어왔다. 오지에서 갑자기 환자가 되어버린 녀석을 보니 너무 안쓰럽고 미안했다. 정작 몰골이 가장 안쓰러운 대상은 바로 나였는데도 말이다. 오전에 난생처음 먹은 라면과 차에서 마신 음료수 등을 범인으로 지목하고 상황을 종료했다.

미국 서부에 입성한 뒤 아니, 40년 인생 동안 이렇게 정신이 혼미해진 적이 있었던가 싶을 정도로 큰 신고식을 치렀다. 다행히 맥도날드 어린이 메뉴에 나오는 장난감 때문에 환자의 상태는 즉시 퇴원해도 될 만큼 정상으로 돌아왔다. 그러나 내 기분을 어떻게 매듭지어야 할지 막막했다. 이제 막 시작된 여행길인데 출발 한 시간여 만에 스마트폰도 환자, 아들 녀석도 환자가 되었다는 점은 너무 큰 이벤트가 분명했다. 여행이고 뭐고, 드는 생각은 딱 하나였다.

'무탈하게 살아 돌아가자.'

SHARE THE

엠앤엠 월드(M&M's World)의 초콜릿이 화려하다.

3장.

아들 손을 잡고 거친 서부로

강변북로
버스 투어 느낌

- 260킬로미터를 달려 자이언 국립공원에 도착하다

여행의 시작점이던 환상적인 도시 라스베이거스를 뒤로 하고 우여곡절 끝에 첫 번째 목적지로 이동했다. 우리의 첫 국립공원 탐험지인 '자이언 국립공원'이 목적지였다. 네바다주를 관통하며 유타주로 이동하면 나오는 작은 국립공원인데, 다른 공원에 비해 작을 뿐 실제로는 서울시 크기와 비슷하다는 말에 경악을 금치 못했다. 공원의 둘레만 해도 160킬로미터에 달한다고 하니 미국에서 '크다'라는 표현은 쉽게 쓰면 안 되는 말인 것 같았다.

자이언 국립공원은 1919년 유타주의 첫 번째 국립공원으로 지정된 곳이기도 하다. 현재는 브라이스 캐니언, 아치스, 캐니언랜즈, 캐피틀리프 등 세계적으로 이름이 많이 알려진 국립공원이 유타주에 즐비한데 그중에서도 가장 첫 번째로 국립공원으로 승격이 되었다는 말에 자이언 국립공원의 위상을 실감할 수 있었다. 공원 이름은 옛 예루살렘의 산 이름인 '시온'을 뜻하는 'Zion'과 같다. 이는 이 지역을 개척한 몰몬교 사람들이 이름을 붙인 까닭이라고. 공원이 거대하고 아름다워서 급이 높은 이름을 차용해서 지었다고 한다.

유타주 경계선을 넘어서니 풍경이 조금씩 바뀌기 시작했다. 네바다주는 넓은 사막 평야에 회색 모래가 깔린 느낌이었다면, 유타주는 제법 굴곡이 느껴지는 산이 보이기 시작했고 흙 색깔도 회색보다는 붉은색에 가까웠다. 붉은 사막을 주파하며 30여 분을 더 달리니 하늘과 맞닿을 듯한 큰 산이 하나둘씩 보였다. 그곳이 국립공원의 시작이라고 해서 다소 어리둥절했다. 첫 국립공원에 대한 기대감 때문이었을까, 국립공원임을 알리는 화려한 지형지물이나 요란한 입간판이 세워져 있을 줄 알았는데 어디서부터가 공원의 경계선인지 알 수 없을 정도로 소박했다.

차를 타고 공원 안쪽으로 더 들어가니 엄청난 풍경이 보이기 시작했다. 깔끔하게 잘 정돈된 공원도 멋졌지만 무엇보다 놀랐던 것은 높이를 가늠할 수 없는 바위산의 크기였다. 못해도 30층 건물 높이는 족히 되어 보이는 거대한 산이 입구부터 웅장하게 펼쳐져 있었는데, 그 크기가 현기증이 날 정도로 압도적이었다.

입을 다물 수 없게 했던 풍경 또 하나는 〈스타워즈〉에 나오는 우주선같이 거대한 바위가 거의 90도 각도로 깎여 있는 모습이었다. 공원을 가로지르는 버진강의 지류가 아주 오랜 시간 침식 작용을 통해 만들어낸 협곡이라는데 공원 협곡의 깊이는 어마어마했다. 어쨌거나 몇 시간 동안 거친 사막을 달린 끝에 만난 첫 공원이라 더욱더 반갑고 멋졌다.

우리를 괴롭히는 것은 첫 번째도 두 번째도 더위였다. 라스베이거스에서 맛본 뜨겁고 거칠던 섭씨 41도를 탈출했다지만 여전히 기온은 35도에 육박하고 있었다. 공기가 조금 시원해졌을 뿐 강렬한 햇볕 맛은 똑같았다.

뜨거운 공원과 뜨거운 조우 후 차에서 내려 셔틀버스로 갈아탈 시간이 되었다. 자이언 국립공원은 11월부터 3월까지를 제외한 기간에는 자가용으로 공원 주요 도로에 진입할 수 없다. 미국의 국립공원은 매우 자연 친화적으로 관리하고 있다는 어느 글이 떠올랐다. 입구를 따로 표시하지 않은 것도 그렇고, 공원의 아스팔트마저 붉은 흙 색깔로 칠해져 있었다. 더군다나 자동차가 진입하지 못하게 하는 규정을 보니 끝내주게 관리하고 있다는 생각이 들었다. 우리도 차를 세우고 셔틀버스로 갈아타기 위해 정류장으로 향했다. 인터넷에서 수없이 찾아본 장소였음에도 막상 현장 느낌은 달라서 우왕좌왕했다.

차에서 내리는 순간 뜨거운 햇볕이 격하게 우릴 반겼다. 모

웅장한 자이언 국립공원에서 셔틀버스 타러 가기 전 단체 사진 한 장을 남겼다.

자를 쓰고 선글라스도 끼고 짐을 주섬주섬 챙겨서 일사불란하게 버스를 타러 이동했다. 그때쯤 대장님의 본격적인 진두지휘도 빛을 발하기 시작했다.

"자, 우리는 버스를 타고 제일 끝 정류장, 9번 역 '템플 오브 시나와바'까지 올라간다."

"어? 템플요? 아버지, 지금 절까지 올라가기에는 너무 덥지 않나요?"

"갈 수 있다. 위에서부터 아래로 가자."

이 더위에 산속의 절을 찾아가는 것은 다소 무리가 아닐까 싶어 움찔했다. 하지만 나 또한 "제군들이여, 자이언 국립공원 속으로 입장하라"는 계획 말고는 아무것도 준비해오지 못했기에 아버지 말을 따를 수밖에 없었다.

"음, 그래요. 가시죠. 저기 버스 온다."

신문 사회면에 나올 뻔한 일이 벌어졌다

버스에 모두가 올라탔다. 갑자기 아버지가 연신 재채기를 했다. 평소에도 갑작스러운 기온 변화가 있으면 재채기를 자주 했기에 우리에겐 익숙한 모습이었다. 그런데 하필 버스는 만석이었고 승객 모두 오밀조밀 붙어 앉아 있는 상황이었다. 아버지

우리가 탔던 공원 셔틀버스는 햇볕만 피할 수 있는 수준이라 몹시 더웠다.

는 체격이 매우 크고 퉁퉁한 전형적인 미국인 옆자리에 앉았다. 그 미국인은 장충체육관 특설 링에서나 볼 수 있을 만한 몸집이었다. 거의 30초 단위로 나오는 아버지의 재채기를 그 거구가 가장 가까운 거리에서 맞이하고 있었다. 아버지의 재채기는 정확한 박자에 맞춰 연주하듯 '에취'를 노래했다. 그 잔여물은 쉴 새 없이 유타주 하늘을 향해 뿜어나왔다. 당연히 옆자리에 앉은 거구는 불편해하는 기색이 역력했다. 뒤에서 이 광경을 모두 지켜보고 있던 나 또한 모든 신경이 아버지에게 집중되었다.

시간이 지나도 아버지의 재채기는 개선될 여지가 없어 보였다. 옆자리의 그분은 이제 대놓고 기분 나쁘다는 듯 아버지를 노려보았다. 미국 문화에서 재채기는 아주 큰 결례라고 들었는데 역시나 그는 민감하게 반응했다. 거구는 아무 말없이 따가운 눈빛을 날릴 뿐이었지만 거대한 체구에서 뿜어내는 눈빛이 어찌나 매서운지 주변 사람들을 긴장시키기에 충분했다.

'아버지, 제발 입이라도 가리고 재채기하세요.'

아버지에게 조력자가 있다는 걸 알리고 싶은 마음에 무슨 말이라도 전하려고 했으나 입가에만 맴돌았다. 거구의 눈빛에 나도 위축되어 입이 떨어지지 않았다. 시간이 갈수록 거구의 표정은 심각해졌다. 나는 아버지만큼은 보호하겠다는 비장한 각오로 상황을 예의 주시했다.

'공격할 테면 해봐라. 방어해주마.'

나뿐만 아니라 거구의 뒷자리에 앉은 한 아주머니도 심상치 않은 기운을 느꼈는지 나를 한 번 힐끔 쳐다보았다. 아무래도 거구의 아내인 듯했다. 현명한 여성의 촉이 발동했는지 그녀가 거구의 등을 토닥토닥 두드리기 시작했다.

'당신, 잠자코 있어. 상대편 일행 중에 남자가 둘이나 더 있어. 우리가 열세다'라고 말했을까. 아주머니는 계속해서 남자의 등을 쓰다듬었고 거구의 불쾌함은 순식간에 누그러드는 듯했다. 여차하면 자이언 국립공원 4번 정류장에서 싸움에 임하려 했는데 상황은 싱겁게 정리되었다.

버스에서의 촌극을 추억으로 간직한 채 깊은 산속으로 들어갔다. 첫 국립공원에서 즐겨야 할 에너지를 버스에서 모두 소비한 것 같았다. 게다가 몹시 뜨거운 날씨 탓에 아이들은 목마르다고 아우성이었다. 본인도 모르게 탈수 증상을 야기한다는 미국 날씨를 간과하면 안 된다고 누나가 말했다. 버스에서 내리자마자 모두 식수대에서 벌컥벌컥 물을 마셨다.

목적지로 삼았던 9번 정류장, 템플 오브 시나와바에 도착했지만 '산속의 절'은 보이지 않았다. 절은 절답게 속세와 차단된 깊은 산속에 있을 것이라 판단했다. 우리는 잠시 쉬며 사진도 찍고 여유를 찾으려 했다. 하지만 계속해서 이유를 알 수 없는 서운한 감정과 허무한 느낌이 들었다. 이미 지치기도 했고 하이킹하기 좋다는 공원에 그냥 버스를 타러 온 듯한 기분이

들었던 것이다. 점점 다음 목적지를 향해 떠나야 할 시간이 다가오자 허무한 감정은 더욱 짙어졌다.

촬영 장비를 빠르게 조립하던 아버지가 보이지 않았다. 눈 깜짝할 사이에 무리를 이탈한 아버지는 초대형 삼각대에 대형 카메라를 얹어 사진을 찍고 있었다. 그마저도 아버지가 안 보여서 한참 찾은 뒤에나 무슨 일을 하고 있는지 알았다. 아버지는 진작부터 무리를 떠나 사진을 찍고 있던 것이었다. 지친 나와는 달리 아버지의 표정은 매우 밝았다. 자연 속에 들어와서 멋지고 신비한 피사체를 바라보며 원 없이 카메라 셔터를 누르는 이 순간이 아버지가 꿈꾸던 여행의 참맛이 아닐까 싶었다.

"아버지, 다들 이제 정리하는 분위기인데 저희 다음엔 어디로 가면 좋을까요?"

"너희들 먼저 가라."

"네?"

"난 사진 좀 찍다 갈 테니, 밑에 롯지에 가서 밥 먹으며 쉬고 있어. 이따 갈게."

"전화도 안 되는 곳이에요. 괜찮으시겠어요?"

"내려가서 쉬고 있어라."

아버지를 설득하지 못한 채 우리는 강변북로 버스 투어를 마치고 올림픽대로로 다시 돌아가야 하는 여행객 꼴이 되어버렸다. 9번 정류장보다 더 깊은 산속으로 들어갈 수 없는 노릇이었다. 더위로 벌겋게 부어오른 아이들의 볼을 보고 있자니 전진보다는 후퇴가 현명한 선택인 듯했다.

아이들과 잠시 쉬고 배도 채우기 위해 5번 정류장인 '자이언 롯지(Lodge)'로 향했다. 산장이 있어서 시원한 물을 마실 수 있었고 음식점도 있었다. 음식점 건물에는 기념품 가게도 있었다. 그곳의 시원한 에어컨 바람에 이끌려 땀을 식히러 들어갔다. 그런데 꽤나 중대한 일이 벌어지고야 말았다. 이 기념품 가게가 이번 미국 여행 계획의 많은 부분을 뒤흔들어놓는 시발점이 되었기 때문이다.

자이언 롯지에 있던 잔디밭은 사막 속의 오아시스 같았다.

국립공원 기념품 가게는 어딜 가나 비슷한 듯했다. 자이언 국립공원 로고를 단 수천 가지의 상품이 진열되어 있었다. 기념으로 냉장고에 붙일 장식용 자석을 하나씩 모아보라는 제안이 있었지만 내 취향이 아닌 것 같아 다른 것을 찾았다. 그중에서도 볼펜이 눈에 들어왔다. 자이언 국립공원의 로고와 사진이 볼펜에 그려져 있고 종류는 세 가지, 가격은 1.5달러밖에 안 해서 부담도 없었다.

회사 팀원 열한 명에게 줄 선물을 고민하고 있던 터라 가성비 높은 볼펜을 보는 순간 바로 이거라며 손뼉을 쳤다. 하나씩 장바구니에 담았다. 이번 여행에 우리가 방문할 국립공원은 총 여섯 군데. 가는 곳마다 볼펜을 세 개씩 사면 총 스무 개 남짓의 볼펜을 살 수 있다는 계산이 나왔다. 팀원들의 선물을 단번에 해결해서 매우 기뻤다. 외국 여행 시 단골 선물인 초콜릿보다는 특별한 아이템이 될 듯했다. 그렇게 국립공원 기념품 볼펜 수집이 이번 여행의 핵심 목표가 되어버렸다.

급하게 볼펜을 계산하고 피자, 콜라, 빵, 물 등을 구매한 뒤 허기를 채우기 위해 자리에 앉았다. 여섯 멤버 모두 조금씩 여유를 찾기 시작했다.

'아, 이게 미국인가. 참 여유롭고 좋다.'

입에 피자를 털어넣고 사막 속 오아시스 같은 풀밭을 보며 낭만을 곱씹고 있으니 멀리서 아버지가 터벅터벅 걸어왔다. 피곤해 보였다. 모자가 바람에 날아가서 잃어버렸다고 했다. 아버지는 피자 한 조각을 드시더니 이내 모두 철수하라는 명령을 내렸다. 자이언 국립공원을 찾기 위해 수십 시간을 준비했는데 단 세 시간 만에 돌아가게 된 것이었다. 허탈했지만 오후에는 브라이스 캐니언 국립공원에 가야 하는 일정이 있어 어쩔 수 없었다. 나만 아쉬웠던 걸까. 셔틀버스에 앉은 멤버들의 표정은 꽤 밝아 보였다.

서울에 돌아와 여행 기록을 다시 들췄을 때 자이언 국립공원의 '냄새만 맡고' 돌아온 것이 무척 아쉽고 후회되었다. 국립공원 1회 입장권이 일주일이나 유효한 까닭을 이해하게 되었을 만큼 자이언 국립공원에는 숨겨진 명소가 많았기 때문이다. 이곳에 다시 방문하게 된다면 최소 1박 이상을 할애해서 이 공원을 만끽하고 싶다.

Tips & TMI #4

자이언 국립공원에 대하여

자이언 국립공원은 훌륭한 자연 경관을 지닌 곳이다. 우리는 캐니언 셔틀버스를 타고 한두 곳만 둘러보았지만 그 외에도 둘러볼 만한 숨겨진 포인트가 매우 많다.

1. 캐니언 동쪽 주요 포인트 소개

① 자이언-카멜 터널

미국 대공황 시대에 인부들이 하나하나 도구로 돌을 깨고 파내서 만든 터널이라고 한다. 다이너마이트를 전혀 사용하지 않고 2킬로미터 가까운 길이를 파냈다고 하니 경이롭다. 특히 창문 같은 곳을 통해 바라볼 수 있는 자이언 캐니언의 모습은 매우 멋지다. 다만 터널이 일방통행이라서 차를 중간에 세울 수는 없으며 반대쪽에서 차가 오면 다른 쪽은 무작정 기다려야 한다. 터널 앞에서 20, 30분가량 멈춰 서 있던 기억이 난다.

과거에는 자이언 국립공원과 브라이스 캐니언 국립공원 간의 연결 도로가 북쪽으로 돌아가는 길밖에 없었는데, 이 터널이 완공되면서 쉽게 유타주 동서를 오갈 수 있게 되었다고 한다.

② 캐니언 오버룩

전망도 훌륭하지만 한 시간가량 부담 없이 걸을 수 있는 등산로가 있다. 자동차도 진입할 수 있는데 주차장은 항상 만차 상태다. 좁은 등산로를 따라 한 시간가량 산책하면 캐니언 오버룩 포인트에서 절경을 만날 수 있다. 이곳에서 바라보는 캐니언의 모습만큼은 꼭 사진에 담았어야 했지만 멀미하는 아들 덕분에 지나칠 수밖에 없었다. 자이언 캐니언의 여행에 미련이 남는 까닭은 바로 이곳을 가보지 못했기 때문이다. 인터넷에서 자이언 국립공원을 검색하면 이곳 사진이 많이 나오는데 다음 기회가 생기면 꼭 가볼 생각이다.

③ 체커보드 메사

공원 동쪽 입구 방향으로 가다 보면 '체커보드 메사'라는 포인트가 나온다. 이름 그대로 체스 판처럼 반듯한 사각형 문양이 거대한 돌산에 새겨져 있다. 가로 방향 단층의 퇴적암이 세로 방향으로 침식되면서 생긴 바위라고 한다.

2. 시간이 넉넉하면 꼭 가봐야 할 핵심 포인트

핵심 포인트 네 곳은 달리 설명이 필요 없는 곳이다. 검색창에 입력하면 사진이 모든 것을 말해주는 멋진 장소다.

① 엔젤스 랜딩(Angels Landing)

② 더 서브웨이(The Subway)

③ 더 내로우(The Narrow)

④ 하이 캐니언 월즈 앤드 워터(High Ganyon Walls and Water)

3. 추가 TMI

자이언 국립공원은 매우 덥다. 여름에는 섭씨 40도까지 올라가는 날이 보름 가까이 되기도 하고 겨울에는 최저 영하 1도, 최고 12도의 기온을 보인다. 그야말로 극과 극의 날씨. 역대 최고 기온은 46.1도이며 역대 최저 기온은 영하 26도였다고 하니 미국 국립공원 관리청 홈페이지를 확인한 뒤 방문하는 것도 좋은 방법이다.

아버지,
개인 행동은 곤란해요

- 다시 200킬로미터를 이동해 두 번째 국립공원인 브라이스 캐니언으로

아버지는 35년간 은행에서 근무했다. 한 직장, 한 직업만을 유지한 산업화 시대 샐러리맨의 표본이다. 평사원이 진급해 오를 수 있는 마지막 단계까지 경험한 끝판왕이기도 하다. 아버지가 정년퇴직 후 찾은 취미는 사진 촬영이었다. 소형차 한 대 값은 나갈 듯한 화려한 카메라와 거대한 삼각대를 들고서 여행 다니며 사진을 찍기 시작했다. 그러더니 인사동, 북촌에서 사진 전시회를 몇 번 열었고 사진을 판매하기도 했다. 이제 아버지는 나름 전문 사진작가가 되었다. 개인 컴퓨터의 하드디스크 용량만 해도 12테라바이트가 넘을 정도로 아버지는 수년째 여행과 사진에 빠져 살고 있다. 아버지는 틈이 날 때마다 훌쩍 떠난다. 이번 여행에서도 아버지는 평소처럼 부지런했다. 거침없고 판단력도 빨라서 매일 아침 누구보다 일찍 하루를 시작했다.

"뭐꼬. 아직도 자나?"

매일 아침 알람처럼 듣던 아버지의 말씀이었다. 무리 중에서 항상 가장 먼저 일어나서 끊임없이 정보를 습득했고 몸이 근질거릴 때는 과감한 추진력을 기반으로 무리를 이탈하는 경우도 많았다.

'뭐, 영어도 되니 알아서 하시겠지!'

남자에게 가장 필요한 것은 자유 시간이라고 했던가. 아버지에게도 자유 시간이 자주 부여되기는 했으나 종종 연락이 닿지 않거나 한없이 기다려야 하는 일이 생겼다. 물론 아버지가 나보다 미국을 더 잘 아는 '다 큰 어른'이지만 누군가 마음만 먹으면 아시아에서 온 노인 한 사람 해코지하기란 쉬운 일이 아닌가. 나에게는 아버지를 안전하게 모시고 한국으로 귀국해야 하는 의무가 있었기에 가끔은 신경이 곤두서기도 했다.

아버지의 자율성은 라스베이거스에 도착한 뒤부터 발휘되었다. 모두가 잠들 무렵 홀연히 외출한 뒤 야심한 시각에 귀가하기도 했다. 자이언 국립공원에서는 멤버들에게 철수하라는 명령을 남긴 채 혼자만의 시간을 갖기도 했다. 뿐만 아니라 브라이스 캐니언에서도 아버지의 나그네 디엔에이는 어김없이 발현되었다. 브라이스 캐니언에 도착하자마자 아버지는 즉시 산속으로 떠났다.

버스를 타고 투어하듯 끝나버린 자이언 국립공원 여행은

아쉬워할 겨를도 없었다. 즉시 그곳을 떠나 숙소를 예약해둔 브라이스 캐니언 국립공원으로 향해야 했던 것이다. 자이언 국립공원에서 출발할 때 내비게이션은 도착 예정 시간을 저녁 일곱 시로 안내했다. 다행히도 해가 늦게 지는 모양이었다. 여덟 시가 다 되어도 밖이 환했다.

도착 후 우리는 자연 탐방 조와 휴식 조로 나누었다. 휴식 그룹은 호텔 수영장에 몸을 담그고 밥도 먹으며 쉬기로 했다. 자연 탐방 그룹은 무슨 일이 있어도 브라이스 캐니언의 석양 사진을 찍으러 가려는 집단이었다. 나도 자연 탐방 조원이 되어서 자이언 국립공원의 실수를 만회하고 싶었는데 따뜻한 숙소와 점점 몰려오는 시차 피로 앞에 굴복해버리고 말았다. 숙소의 편한 침대에서 기지개를 펴는 순간 일어날 수 없었다. '마약 침대'가 있다면 바로 이것이 아닐까 싶었다.

아버지는 당연히 자연 탐방 조의 대장님이 되었다. 대장님의 얼굴에는 캐니언의 석양 사진을 찍기 위한 비장함까지 서렸다. 다음 날은 아침 일찍 다른 목적지로 떠나야 하므로 사실 이날 밤이 아니면 석양 사진은 카메라에 담을 수 없었다. 아버지는 한시도 지체하지 않고 짐을 옮겨놓자마자 숙소를 나섰다. 걸어갈 수 없는 위치라 운전을 담당할 매형과 함께 말이다. 며칠간 운전을 도맡은 매형에게 미안했다.

남은 휴식 조원들은 호텔 중앙 로비에 있는 뷔페에서 저녁

우리가 묵었던 호텔은 모두 2층짜리 건물이었다.

식사를 했다. 뷔페에서는 어지간하면 실패하는 일이 없을 줄 알았는데 미국 음식은 양껏 먹기가 부담스러웠다. 아침에 맥도날드에서 모든 것을 토했던 아들 녀석은 음식을 조금 집어먹다 말고 허송세월만 보냈다. 시간이 늦어 수영장도 문을 닫은 상태라 그런지 조카들도 생기가 없어 보였다. 나 또한 하루 종일 예민해 있던 터라 지칠 대로 지쳤다.

이윽고 아버지를 모셔다 드린 매형이 돌아왔다. 매형을 위해 뷔페에서 남은 음식을 포장해서 숙소로 식사를 배달했다. 모두가 한숨을 돌리려는 찰나, 시계를 보니 벌써 아버지를 모시러 나가봐야 할 때였다.

브라이스 캐니언에서 김 서방 찾기

아버지는 미국 서부 사막, 통신도 되지 않고 차량도 없는 곳에 혼자 있는 상황이었다. 저녁 아홉 시에 접선하자는 지령을 받은 것 말고는 아버지를 찾을 방법이 없었다. 사실상 행방불명이나 다름없었다. 저녁 식사를 챙겨 먹었더니 불행 중 다행으로 에너지가 충전되었다. 매형과 함께 구조대원이 되어 산속으로 출동했다. 접선 지점인 '선셋 포인트'라는 곳으로 갔다. 아무도 없었다. 한없이 아버지를 기다려야 했다.

미션 수행의 가장 큰 걸림돌은 찬바람이었다. 한여름인데도 겨울 날씨 같았다. 불과 몇 시간 전만 해도 41도에서 살을 태웠는데 어쩜 이렇게 순식간에 추워질 수 있을까 싶어 스마트폰을 열었더니 기온이 10도로 표시되고 있었다. 브라이스 캐니언이 있는 곳은 해발 2,400미터, 그러니까 백두산보다 약간 낮은 높이였다. 추울 수밖에 없었다.

아버지를 찾으며 아직 완전하게 지지 않은 석양을 볼 수 있으리라 기대하다가, 이내 더 큰 기쁨을 줄 무언가가 생각났다.

'볼펜…….'

자이언 국립공원에서 시작된 국립공원 볼펜 수집 의욕이 이곳에서도 달아올랐다. 하지만 기대를 품고 찾아간 기념품 가게와 방문자 센터의 문은 굳게 닫혀 있었다. 자세히 보니 오후 여덟 시에 문을 닫는다고. 실망감을 뒤로한 채 내일을 기약하며 우선은 아버지를 찾는 데 집중하기로 했다.

석양이 얼마나 멋지면 '해지는 전망대'라고 직설적인 이름을 지었을까 호기심이 일었다. 동시에 소식 없는 아버지 때문에 마음 한 편에는 불안한 마음도 커졌다. 차에서 내려 둘러보니 역시나 아버지는 보이지 않았다. 연락도 당연히 닿지 않았다.

하염없이 아버지를 기다리고만 있기에는 하늘이 너무나도 멋진 색으로 물들고 있었다. 하는 수 없이 잠깐 여유 시간을 갖기로 했다. 붉은 석양 빛이 나무 사이로 보이는 하늘을 촘촘히 메우고 있었다. 그 빛깔에 이끌려 숲속으로 쉬지 않고 걸어갔다. 아버지도 왠지 그곳에 있을 것 같았다.

그런데 이 캐니언, 정말 아찔한 곳이었다. 안전 펜스라는 것이 전혀 없고 간단한 철제 펜스가 군데군데 있었으나, 대부분은 발을 헛디뎠다가는 브라이스 캐니언과 함께 가루가 되기 딱 좋은 형태였다. 제아무리 자연 친화적으로 관리한다지만 이 정도로 위험한 건 의아했다.

안전을 운운하기에는 하늘이 너무 멋졌다. 수천 개는 되어 보이는 첨탑을 보고 있자니 넋을 잃을 것만 같았다. 흙산이 무너져 내리면서 생겨난 캐니언일 텐데, 원래의 모습으로 추정되는 캐니언 뒤편의 우거진 숲을 보고 있자니 누군가 일부러 조각해놓은 것처럼 경이로웠다.

해가 지는 하늘은 슬로 모션처럼 움직였다. 천천히, 쉴 새 없이 조금씩 어두워졌다. 매형과 나는 등산로를 따라 아버지를 찾아 다녔다. 그리고 근처에는 분명 아버지가 없다는 결론을 내

선셋 포인트. 브라이스 캐니언의 상징은 붉은 돌산이지만 이곳은 초록 숲으로 가득하다.

렸다. 우리는 서로 사진 몇 장을 찍어주고는 하늘만 쳐다보았다.

그런데 약간 이상한 기분이 들었다. 석양이 지는 브라이스 캐니언은 새빨갛게 변하는 빛깔이 일품이라 들었는데 아무리 기다려도 생각했던 색감이 나타나질 않는 게 아닌가. 브라이스 캐니언의 바위는 점점 시커멓게 변해가고 있었다. 급하게 스마트폰을 꺼내서 나침반 앱을 실행했다. 역시나 불길한 예감이 맞았다. 우리가 바라보고 있던 방향은 동쪽이었던 것이다. 이미 해는 우리 뒤통수를 한 대 시원하게 후려갈긴 뒤 깔깔거리며 미국 동부로 넘어가버린 상태였다. 결국 석양 사진은 찍지 못했다. 대신 '석양 냄새만 나는' 브라이스 캐니언의 오묘한 색감을 카메라에 담고 떠날 수밖에 없었다.

아버지는 여전히 행방불명이었다. 해는 완전히 저물어 사위가 깜깜해졌는데 감감 무소식. 선셋 포인트에 진을 치고 있던 사람들도 하나둘 돌아가고 없었다. 한산해진 선셋 포인트를 한 번 더 돌아보면서 아버지가 있는지 꼼꼼하게 확인했지만 보이지 않았다.

무엇인가 잘못된 게 아닐까 걱정이 되었다. 약속 시각이 훨씬 지났지만 아버지의 모습은 어디에도 보이지 않았다. 이제는 사람 모습을 식별하기도 어려울 만큼 어두워졌다. 혹시나 스마트폰 로밍을 신청한 아버지와 연락이 될까 싶어 연신 전화를

해 질 녘 선셋 포인트에서 바라본 브라이스 캐니언.

해봤지만 신호조차 잡히지 않았다. 이쯤 되니 실종 신고 절차를 알아봐야 하나 싶은 생각마저 들었다.

우려가 현실이 될까 두려워지던 찰나 저 멀리서 어딘가 익숙한 실루엣이 보였다. 큰 삼각대를 이고 무거운 카메라 가방을 멘 아버지가 터벅터벅 걸어오고 있었다.

아버지가 걸어온 거리는 엄청나게 먼 거리였음을 알게 되었다. 가장 짧은 거리의 등산로를 따라 걷기만 해도 3.5킬로미터가 넘는 거리였다고. 나중에는 길이 어두워서 차도로 걸어왔단다. 그 무거운 짐을 들고 5킬로미터 가까이 아버지 혼자 걸어왔던 것이다. 마지막에는 헐레벌떡 뛰어오기까지 했고 말이다. 괜히 나쁜 자식이 된 것처럼 마음이 무거워졌다. 죄송한 동시에 아버지의 체력은 정말 최고라는 생각도 들었다.

긴 하루였다. 덕분에 모두가 쉽게 잠들었다. 몇 시간이나 잤을까. 이만하면 시차 적응이 되었을 줄 알았는데 벌떡 일어나버렸다. 시계를 보니 새벽 네 시경이었다. 갑자기 어둑한 호텔 방에 묵직한 소리가 울렸다. 아버지였다.

"깼나?"

"깜짝이야, 일어나셨어요?"

"니, 별 보러 갈래?"

아들 빼고,
굿 모닝

– 아버지와 단둘이 브라이스 캐니언의 일출을 보다

짝짜꿍이 맞은 아버지와 나는 별을 보러 밖에 나왔다. 한국에서는 하늘의 별을 잊고 산 지 오래된 터라 기대가 컸다. 전날 오후 구름 한 점 없이 깨끗하던 하늘이 떠올랐다. 얼마나 많은 별이 하늘에서 쏟아지고 있을지 설렜다. 그런데 눈앞에 나타난 건 별이 아니라 보름달처럼 둥근 달이었다. 조명을 켜놓은 듯 너무 밝아 하늘에는 별이 단 하나도 보이지 않았다. 잔뜩 실망한 채 다시 방으로 들어왔다. 아들 녀석은 잘 자고 있었다. 나도 아버지도 다시 눈을 붙였는데 한 시간가량 흘렀을까, 이번엔 일출을 보러 가자는 아버지의 제안에 따라나섰다.

걸어서 산속에 들어갈 수 없으니 운전은 내 몫이 되었다. 처음으로 대형 밴을 몰게 되었다. 밖은 칠흑이란 진정 어떤 것인지 알 수 있을 정도로 깜깜했다. 그럼에도 차를 몰고서 잘 보이지도 않는 숲속을 헤치고 나갔다. 처음 몰아보는 큰 차에 긴장한 채 운전하는데 마침 뒤에서 차량 불빛이 보였다.

'빨리 가서 먼저 좋은 자리를 잡아야지.'

일출 명당을 선점하기 위해 액셀을 밟았다. 선라이즈 포인트 주차장으로 추정되는 곳에 도착했다. 일찍 온 덕에 역시나 차가 한 대도 없었다.

'일등이구나. 제대로 된 일출을 볼 수 있겠다.'

하지만 이상했다. 계획대로라면 뒤따라오던 차량들도 우리 차 주변에 가지런히 주차해야 했는데 쏜살같이 다른 길로 빠지는 게 아닌가. 불길한 느낌이 뒷목을 타고 흘러내렸다. 저 양반들도 분명 이유 없이 꼭두새벽에 이곳을 찾진 않았을 텐데. 일출 시간이 다가오고 있었는데도 주차장에 차가 한 대도 없다니 의심의 여지가 없었다. 그 차들을 따라갔다. 얼마나 갔을까, 가보니 역시나였다. 진짜 주차장은 따로 있었고 이미 빈자리가 거의 없었다.

허탈한 마음을 추스를 시간이 없었다. 추위를 뚫고 브라이스 캐니언을 보러 뛰어 올라갔다. 예상보다 훨씬 더 많은 사람들이 절벽 앞에서 웅성거리고 있었다. 사람들이 모여 있는 곳이 최고의 자리라 믿으며 비집고 들어갔다. 눈앞에 컴컴한 허공이 느껴졌고 먼 수평선에는 옅은 붉은빛이 피어오를 준비를 하고 있었다. 성공이었다. 늦지 않고 일출을 볼 수 있었다.

다만 너무 일찍 와서 추위를 온몸으로 느껴야 했다. 아직 햇볕이 들지 않는 해발 2,400미터. 추위는 한겨울 추위와 다름 없었다. 세상에 태어나서 이렇게 추운 7월은 처음 느껴보는 듯했다. 해가 점점 위로 올라오는 것만이 유일한 위안이었다. 시시각각 멋진 풍경이 나타나기 시작했다. 숨겨져 있던 브라이스 캐니언의 실루엣이 조금씩 모습을 드러냈다. 아버지도 나도, 주변에 있는 구경꾼들도 연신 감탄하며 각자 들고 있는 카메라 셔터를 누르느라 정신이 없었다.

시간이 흘러 이제는 앞을 똑바로 쳐다볼 수 없을 정도로 해가 솟았다. 마치 암흑 속을 비추는 손전등처럼 온세상이 순식간에 밝아졌다. 더 이상 추위가 느껴지지 않아 좋았다. 햇볕에 비친 브라이스 캐니언은 매 초마다 다른 색깔로 변했다. 지난밤 일몰 때 본 색깔이 검붉었다면 이날 아침은 짙은 주황색에 가까웠다.

멋진 장관이 쉴 새 없이 뺨을 때리는 가운데 카메라 셔터를 부서져라 눌렀다. 언제 또 이곳에 와서 일출 사진을 찍을 수 있으랴. 다양한 각도에서 사진을 찍었다. 아버지와 함께 브라이스 캐니언의 일출을 보게 되다니 감격에 젖어 잠시 잡념이 떠올랐지만 셔터를 누르지 않는 것은 사치였다. 이곳에 모인 사람들은 대부분 비슷한 생각을 가진 듯했다.

해는 어느덧 제 모습을 거의 드러냈다. 브라이스 캐니언도

선라이즈 포인트. 아직은 아무것도 느껴지는 게 없는 암흑 속이다.

해가 어느 정도 올라오자 붉은 브라이스 캐니언이 모습을 드러냈다.

숨김없이 온전한 모습을 드러냈다. 추위가 전혀 느껴지지 않았다. 이제는 조금의 여유를 찾고 브라이스 캐니언을 눈으로 구경했다. 웬만한 공간을 360도 VR 카메라처럼 담았기에 더 이상 사진 찍을 곳은 없었다. 그 순간 아버지가 말했다.

"야. 저기 밑에 내려가보자."

브라이스 캐니언의 깊은 협곡 속으로 내려가자는 제안이었다. 자칫 발을 헛디뎠다가는 낭떠러지로 낙하할 법한 좁디좁고 위험천만한 길이었다. 갈까 말까 살짝 망설였지만 일생일대의 기회라는 생각에 내려가보기로 했다.

단단한 등산화를 신고 있던 아버지와 달리 나는 미끌미끌한 조깅화를 신고 왔던 터라 아버지의 걸음을 따라갈 수 없었다. 아버지를 챙길 겨를 없이 부들부들 떨면서 한 발자국씩 깊은 협곡 속으로 들어갔다. 안전하지 않은 길을 따라 많은 사람들이 내려와 산책하는 중이었다. 안쪽 길을 조심조심 사수해서 걸어 내려갔다. 또 다른 세상에 도착한 듯했다. 멀리서 보이던 붉은 기둥이 손으로 만질 수 있을 만큼 가까운 코앞에 있었다.

미국 절경의 대명사 브라이스 캐니언 국립공원에, 그것도 협곡 안에 들어와 있다는 사실만으로 황홀했다. 이곳에서의 시간을 마음껏 즐기고 싶었다. 브라이스 캐니언의 멋진 광경에 압도되어 열심히 사진을 찍어도 시간이 모자랄 지경이었다. 하지만 현실은 혹시나 아버지가 미끄러지거나 넘어지지는 않을지 걱정되어 아버지 뒤만 졸졸 따라다닐 수밖에 없었다.

어쨌든 강한 마음을 먹고 등산로까지 내려가본 덕에 수백 장의 사진을 찍을 수 있었다. 더 내려가기에는 너무 멀리 온 것 같아서 되돌아가기로 했다. 해가 올라온 브라이스 캐니언은 어느덧 따뜻한 기운이 감돌고 있었다.

숙소로 돌아가는 길 들판에는 사슴 두 마리가 나와서 아침 식사를 하고 있었다. 실제로 야생 사슴은 처음 봐서 눈이 휘둥그래졌다. 좀 더 구경을 할까 고민하다가 공원의 핵심 포인트라고 하는 브라이스 포인트로 차를 꺾었다. 이른 아침이라 한적했다. 전망대를 따라 안쪽으로 들어가보았다. 브라이스 캐니언을 대표할 만한 대단한 전망대였다. 이곳은 모든 브라이스 캐니언을 한눈에 볼 수 있을 만큼 높은 지대에 있었기에 더욱 감탄할 수밖에 없었다.

이곳에서 시간을 너무 많이 지체해버렸다. 이제는 돌아가 일행을 깨우고 밥도 먹어야 했다. 무엇보다 다음 목적지로 떠날 일이 급선무였다. 아버지와 나 단둘이 떠난 '굿 모닝 브라이스 캐니언' 산책은 이쯤에서 끝내야 했다.

여섯 살배기 아들 없이 시간을 보냈더니 확실히 기동력이 수직 상승했다. 여유롭게 원하는 것을 한껏 구경했지만 마음 한구석에는 아들 녀석에게 미안한 마음도 생겼다.

가벼운 마음으로 숙소에 돌아와 문을 열었다. 그런데 이게

브라이스 캐니언의 절벽 아래로 내려가는 흙길. 바로 옆은 낭떠러지다.

해발 2,530미터. 브라이스 포인트에서 바라본 브라이스 캐니언.

무슨 일인가. 엉엉 울고 있는 아들 녀석을 매형이 달래고 있는 것이 아닌가. 시차가 맞지 않아 이른 아침에 깼을 아들 녀석은, 주변에는 아무도 없고 불도 꺼져 있으니 낯선 곳에 혼자 있는 걸 깨닫고서 서럽게 울고 있던 것.

'아들, 눈물을 닦아라. 널 놔두고 가서 미안하지만 덕분에 아빠는 할아버지랑 잘 놀다 왔다.'

고맙고도 미안한 마음으로 아들을 달래며 브라이스 캐니언과 작별했다.

사막에서
커피 한 잔

- 캐피틀리프 국립공원을 거쳐 5시간 동안 이동하면서

한국을 떠나온 지 닷새째 되는 날 아침. 약간 지친 상태였다. 하지만 아침 일찍 브라이스 캐니언의 일출을 구경하고 다음 목적지로 신속하게 이동하느라 여유를 부릴 수 없었다. 우리의 목적지는 아치스 국립공원. 무려 다섯 시간을 이동해야 했다. 도착할 때쯤이면 저녁 시간이 될 예정이었다. 이번 여행 중 가장 오랫동안 자동차로 이동해야 하는 강행군이다.

문득 이번 여행이 '자연'이 아닌 '양(Quantity)'에 치중한 것 같다는 생각이 들었다. 드넓은 미국 땅을 누비느라 잠은 항상 쏟아지고, 구경은 재빠르게 해야 하며, 운전은 길게 해야 해서 숨 고르기가 쉽지 않은 여행이었다.

다음으로 이동한 경로는 유타 12번 도로. 목적지까지 가는 지름길은 아니었지만 멋진 곳으로 알려져 선택했다. 게다가 이곳을 통하면 우리의 세 번째 국립공원인 캐피틀리프 국립공원까지 거쳐갈 수 있었다. 여행의 두 번째 목적이 되어버린 기념 볼펜도 수집할 수 있었으니 30분 정도 돌아가는 것은 감내할 만했다.

브라이스 캐니언을 떠나 한참을 달려 유타 12번 도로로 접어들었다. 막상 들어서니 소문만큼 멋진 길인 것 같지 않았다. 달리는 자동차 안에서 보는 사막이 썩 아름답지는 않았던 것. 이미 드넓은 미국의 사막 풍경은 충분히 봤기에 더 이상 새로울 게 없었다. 아이들도 실망했는지 한국말과 미국말이 섞인 푸념을 쏟았고 차 안은 시끌벅적해졌다.

뜨거운 7월의 하늘 아래, 미국 서부 사막 위를 달리고 있자니 차 안은 생존을 갈망하는 이들이 사투를 벌이는 수용소 같았다. 배가 고파 투정이 심해진 아이들을 보니 빨리 눈앞에 오아시스 같은 것이라도 나타나면 좋겠다는 생각뿐이었다.

사막에서도 식후경

워낙 외진 곳이라 통신 신호가 잡히지 않았다. 미리 식당 조사를 꼼꼼하게 하지 못한 탓에 우리는 점점 배고픈 하이에나처럼 변해가고 있었다. 가는 도중에 보이는 아무 음식점이나 골라 들어갈 수밖에 없었다.

인근에서 가장 큰 도시라는 에스칼란테에 곧 당도한다는 도로 표지판이 나타났다. 모두의 표정이 밝아졌다. 다들 갑자기 긍정적으로 바뀌었다.

“그래, 가장 큰 도시라는데 먹을 데가 설마 없겠어?”

인근에서 가장 큰 도시라고 해도 한적한 시골 마을이었다. 3층 이상의 건물은 찾기 힘들었고 미국 서부 영화에서나 본듯한 1층짜리 건물이 대부분이었다. 식당도 쉽게 찾을 수 없었다. 간혹 눈에 띄더라도 카우보이 형님들이 진을 치고 있거나 느끼한 육류 음식만 팔 듯한 곳이라 선뜻 내키지가 않았다.

결국 에스칼란테도 안녕. 이 작은 도시에서 그나마 소득이 있었다면 배고팠던 자동차에 기름을 잔뜩 넣어준 것뿐이었다. 이 도시를 떠나자 현실은 다시 굽은 길에 흙산뿐이었다. 각본을 짠 것처럼 승객의 절규는 다시금 시작되었다.

한참을 더 이동했더니 갑자기 오두막집이 나타났다. 돌투성이 땅에 번듯한 오두막집이 서 있다니 신기했다. 큰 마당과 주차장이 딸렸고 절벽 방향으로 지어진 작은 오두막집. 자세히 보니 ‘키바 커피하우스’라는 간판이 눈에 띄었다. 여행 가이드북에서 봤던 곳이었다. 멋진 유타 12번 도로를 따라가다 보면 ‘어떻게 이런 황량한 사막에 커피숍이 있지?’라며 감탄하게 된다던 바로 그 집이었다. 일행에게 들어가보자고 제안한 뒤 재빨

사막 속에 오아시스 같은 오두막집이 나타났다.

리 방향을 틀었다. 배고픔에 지쳐 있던 일행들은 모두 "오케이"를 외쳤다. 요깃거리가 없다면 일단 쉬어 가기라도 해볼 심산이었다.

행운은 우리 것이었다. 커피는 물론 빵도 팔고 있었다. 어떤 개척자께서 이렇게 매우 적절한 지점에 오두막집을 짓고 커피와 빵을 팔 생각을 했을까. 전망까지 좋은 완벽한 위치에 터를 잡고 과객에게 물과 식량을 공급하고 있었으니 감탄할 수밖에.

모두 자리를 잡고 앉았다. 베이글과 샌드위치, 아이스커피와 생과일 딸기주스가 나왔다. 시원하게 에어컨 바람을 즐기며 배를 채웠더니 아이들은 순식간에 착한 양이 되었다. 마침 자리 앞 유리창에는 사진으로나 봐왔던 도마뱀이 달라붙어 아이들을 위한 작은 이벤트마저 열렸다. 각본을 짠 듯 완벽한 곳이었다. 덕분에 아이들은 흥이 곱절이나 올랐다.

허기를 해결한 뒤 다시 출발할 때에는 매형 대신 내가 운전하기로 했다. 다들 배가 불렀는지, 운전하는 나를 제외하고는 모두가 깊이 잠들어버렸다. 혼자서 외롭게 운전하는 수밖에 없었다. 끝없는 사막만이 유일한 길동무였다. 졸음을 이기고 힘을 내서 달렸다. 아치스 국립공원이 있는 모압으로 가는 길 중간 지점쯤 온 듯했다. 곧 우리의 세 번째 목적지인 캐피틀리프 국립공원에 다 와간다는 의미였다.

난데없이 거대한 붉은 돌산이 줄지어 서 있었다. 곧게 뻗은 도로 옆으로 길게 늘어선 돌벽은 마치 만리장성을 보는 듯했다. 이곳까지 오면서 붉은 돌산을 수없이 봤지만, 이번은 그 느낌이 완전히 달랐다. 어마어마한 높이에 졸음이 싹 달아났다.

말로만 듣던 캐피틀리프 국립공원에 도착한 것이었다. 어디서부터 공원이 시작되는지 알 수 없을 만큼 자연 그대로의 모습이었다. 캐피틀리프 국립공원의 마땅한 산책 지점을 미리 찾아두지 않아서 일단 방문자 센터로 이동했다. 물론 그곳에 가야 캐피틀리프 기념 볼펜도 살 수 있을 듯했다.

아들 녀석은 차에서 쭉 곯아떨어져 있었다. 차에 놔두고 내릴 수 없으니 억지로 깨웠다. 녀석을 안고서 실내로 들어갔지만 아직도 시차 적응이 안 된 것일까, 녀석은 깊은 밤잠을 자다가 깬 아이처럼 어쩔 줄 몰라 했다. 의자에 앉히고 다독여봐도 억울한 표정이었다.

캐피틀리프 방문자 센터는 규모가 작아서 오래 머물 만한 곳은 아니었다. 볼펜을 비롯해 기념품을 몇 점 고른 다음 콜라 한 잔씩 마시고 바로 일어섰다. 콜라를 먹지 못하는 아들은 '이럴 거면 왜 깨웠냐' 싶은 얼굴이었다. 아들 녀석에게는 햇볕이 데운 미지근한 물을 먹이고서 지금 호텔로 가고 있다는 감언이설로 살살 달랬다. 그 순간 아들 녀석이 뱉은 말.

"아빠, 나 쉬 마려워."

이미 차를 세울 수 없는 고속도로에 진입한 뒤였다. 30분가

캐피틀리프 국립공원에서 갑자기 만난 산맥이 마치 성벽 같았다.

량만 더 가면 숙소인지라 조금 더 참아보자고 말했다. 그런데 아무리 달리고 또 달려도 내비게이션의 시간은 줄어들지 않는 듯했다. 지도상으로는 남쪽으로 조금만 내려가면 목적지에 도착할 듯 보였는데 역시나 미국 땅은 넓었다.

아들 녀석이 쉬가 마렵다며 목소리를 키우는 가운데, 길가에는 다시 붉은 캐니언이 펼쳐졌다. 오른쪽에 있는 공원은 캐니언랜즈 국립공원 같았다. 시간이 되면 꼭 가보고 싶었던 곳인데 아들 녀석의 성화에 그냥 지나쳐 직진했다.

붉은 돌산을 따라 조금 더 내려가니 드디어 숙소가 나타났다. 다섯 시간을 달려 우리의 네 번째 국립공원인 아치스 국립공원에 도착한 것이다.

잠에서 덜 깬 아들 녀석, 피곤해서 어찌할 바를 모른다. 안쓰럽고 미안하다.

모든 것이 짜증스럽다

- 오랜 운전 끝에 도착한 모압에서

오랜 운전 끝에 저녁 일곱 시경 아치스 국립공원이 있는 도시 모압에 도착했다. 라스베이거스만큼 덥고 뜨거운 곳이었다. 다섯 시간 동안 장거리 운전을 한 터라 몹시 피곤했다. 나와 달리 아들 녀석의 컨디션은 아주 좋아 보였다. 아버지도 피곤한 기색 없이 표정이 밝았다.

모압에서 머물 숙소는 세계적인 호텔 체인 메리어트의 최신식 호텔이었다. 완공된 지 6, 7개월밖에 안 된 곳이니 거의 새 호텔이나 다름없었다. 이름과 명성에 걸맞게 호텔 외관도 화려했다. 특히 외부에 있는 수영장은 거의 워터파크 수준이었다. 물이 깨끗하고 폭포까지 설치되어 있었으며, 아치스 국립공원의 붉은 산을 등지고 있어서 마치 국립공원 앞마당을 전세 낸 수영장 같았다.

호텔 수영장인지 국립공원에 있는 호수인지 분간되지 않을 멋진 수영장이다.

당연히 아이들은 도착하자마자 노래를 불렀다.

"수영, 수영!"

먼 길 오느라 힘들었을 텐데 수영을 꼭 하겠다니, 아이들 체력에 혀를 내둘렀다. 하지만 이미 늦은 저녁 시간이었다. 완벽한 분업이 필요한 시점이었다. 어릴 적 수영장에서 거의 익사할 뻔한 나는 아이들을 데리고 수영장에 다녀오는 임무를 수행할 자신이 없었다. 대신 아버지와 함께 식사 당번을 맡았다.

"아빠, 근처에 일식당이 있다네요. 제가 주문해둘 테니 찾아만 와주세요."

누나가 재빠르게 식사 메뉴를 외쳤다. 동의를 구하지 않고 즉각적인 행동을 요구하는 문장 구사력은 영락없는 그 아버지의 그 딸이었다. 하지만 아버지는 아무래도 느끼한 바깥 음식은 피하고 싶은 눈치였다.

"근처에 마트 있지? 재료 사와서 해 먹자."

결국 아버지와 나는 마트로 향했다. 도시 중심지에 제법 큰 마트가 있다기에 찾아갔는데, 때마침 자동차에 기름이 똑 떨어졌다. 가는 길 첫 번째 주유소에서 기름을 넣었다. 분위기가 몹시 음산한 주유소였다. 사람도 없고 차도 없고 사무실은 당장 좀비 무리가 나타나도 이상하지 않을 만큼 낡아 보였다. 주유기도 완벽한 아날로그 방식이었다. 처음 보는 형태의 기계라 아버지와 나는 20분 가까이 기름 한 방울 넣지 못한 채 카드 인식기와 씨름을 벌였다. 사무실에는 직원도 없었다. 스마트폰 신호가 잡히지 않는 지역이라 누군가를 부를 수도 없었다. 어떻게든 둘이서 해결해야 했다. 이것저것 눌러본 끝에 겨우 주유를 끝냈다.

사실 처음부터 마트 가는 길 자체가 즐겁지 않았다. 미국까지 와서 재료를 장 보고 밥을 해 먹어야 한다니 살짝 짜증이 났다. 장거리 운전으로 지친 데다가 언제부터인가 팔뚝에 두드러기 같은 게 나서 컨디션이 별로였던 것이다.

'그래도 미국 마트니까 뭔가 특별한 게 있지 않을까. 구경이나 해보자.'

마음을 추스르며 마트에 들어갔다. 아버지는 내일 오전이면 다시 이동해야 하는 상황을 잊기라도 한듯 손에 잡히는 대로 카트에 식재료를 담고 있었다. 짜증이 더 솟구치기 시작한 것은 이쪽은 물건을 카트에 쌓아 올리고 있는데 저쪽에서는 적당히 사오도록 아버지를 설득하라는 메시지가 연신 도착할 때부터였다. 누나의 지령대로 아름다운 어휘력을 동원해보았지만 아버지의 반응은 차가웠다.

"따라오기나 해."

잠자코 졸졸 따라다니라는 말 같아서 순간 욱했다. 그래도 정신을 가다듬고 아버지께 이런 음식, 저런 음식을 먹어보자고 제안하거나, 아버지가 요구한 재료를 냉큼 찾아와 카트에 담았다. 하지만 아버지의 반응은 비슷했다.

"얌마. 이거 말고 다른 거 있을 텐데. 이거밖에 없나?"

또 한 번 욱한 마음이 올라왔다. 아버지가 생각하신 음식과 저녁상의 모습이 있기에 필요한 재료가 있으려니 했지만 시간이 넉넉하지 않은 상황인데도 당신 고집대로 돌격하는 아버지 모습에 힘이 빠졌다. 하필 그 순간 엄마가 생각나버렸다.

'아, 엄마, 아버지랑 같이 여행 다니기 쉽지 않았겠구나. 아버지가 엄마한텐 이러지 않았을 거라고 믿어야지 뭐.'

아버지와 그냥 대화를 하지 않는 편이 낫겠다 싶어 반대편으로 도망갔다. 물론 카트를 몰고서. 내 나름의 소심한 복수였달까. 피부병에, 엄마 생각에, 마트에서 핀잔을 들어가며 짐꾼 역할까지 했더니 지칠 대로 지쳐버렸다.

여행이 빨리 끝났으면

그날 저녁, 맥주 한 잔에 컨디션은 70퍼센트 가까이 충전되었다. 그런데 아들 녀석의 말 한마디에 다시 와르르 무너지고 말았다. 여섯 살 꼬맹이를 미국에 데리고 온 이유 중 하나는 아이에게 사촌 형들과 함께 노는 즐거움을 선사하기 위해서였다. 친동생도 여자아이고 가까운 사촌도 여자뿐이라 그런지 아들 녀석은 늘 형에 대한 갈망이 있어 보였다. 가끔 한국으로 놀러온 사촌 형들과 신나게 놀던 모습을 떠올리며 이 어린 사내 셋의 만남을 기대했던 것이다.

그토록 만나고 싶던 사촌 형들이었건만 하루하루 시간을 보낼수록 아들 녀석은 점점 말을 잃어갔다. 한국말보다 영어가 편한 두 조카의 대화에 아들 녀석이 끼지 못했던 것이다.

"미국 오니까 좋지?"

"응."

"형들이랑 놀러 다니니까 재밌지 않아?"

"……."

저녁 식사 후 아들을 붙잡고 간단히 대화했는데, 재밌지 않느냐는 질문에 대답이 바로 돌아오지 않았다.

"아빠, 나도 형아들처럼 영어 잘하고 싶어."

머리가 멍해졌다. 지난 닷새 동안 있던 일들이 주마등처럼 스쳤다. 아들의 무거운 표정을 보니 속상했다. 곱씹을수록 아들 녀석에게 이 여행은 전혀 달갑지 않은 듯했다. 그저 어른들의 손에 끌려다니는 건 아닐까 싶어 너무 미안했다. 순간 이 여행이 어서 끝나버렸으면 좋겠다고 생각했다. 며칠 뒤 그랜드 캐니언 국립공원을 지나 라스베이거스로 돌아가면 아들 녀석을 데리고 먼저 한국으로 돌아가야겠다는 극단적인 생각까지 했다. 그러자면 가족들과 의절하게 될지도 모르지만 그 순간만큼은 안쓰러운 아들과 지쳐버린 나를 위해 서울로 돌아가고 싶은 마음이 굴뚝같았다.

그날 밤, 나와 달리 다른 멤버들은 기분이 좋아 보였다. 맥주 한 잔 걸친 아버지는 모처럼 집밥 같은 음식을 먹고 힘이 났는지 갑자기 제안했다.

"별 보러 나가자!"

아무것도 하고 싶지 않았다. 머릿속이 복잡했고 지친 심신을 충전하고 싶은 마음뿐이라 뚱한 표정으로 거절했다. 아버지는 이미 장비를 챙기고 있었고 매형이 또 운전사로 강제 동원되었다. 큰 조카도 그냥 잠들기 아쉬웠는지 매형을 따라나서겠다고 했다. 그러자 잠옷으로 갈아입던 작은 조카도 제 형을 따라가겠다고 했다. 야심한 밤에 아이들을 보내는 엄마 마음이 편할 리 없었다. 누나도 나가겠다고 했다. 한순간에 시선이 나와 아들 녀석에게 쏠렸다.

'절대 안 가. 당장 서울로 돌아가도 모자랄 판인데, 나랑 내 아들은 안 간다고.'

"다녀와, 우린 좀 쉬고 일찍 잘래."

그런데 아들 녀석이 문제였다. 형들이 나가니 본인도 따라나서겠다는 게 아닌가. 내 허락을 기다리는 다섯 명의 시선이 따가웠다. 단호하게 너는 못 간다며 아들 녀석을 저지했다. 그러고서 별 구경 팀을 쫓아내듯 밖으로 내보내고 문을 쾅 닫아버렸다. 아들 녀석은 서러웠는지 문이 닫히자마자 대성통곡을 했다. 얼마나 같이 가고 싶었을까. 한참을 울던 아들의 모습이 아직도 눈에 선할 만큼 미안했다. 하지만 그땐 만사가 싫었다.

엄마를 떠올리며
다시 마음을 다잡고

– 엄마의 마지막 말

2017년 3월 4일 토요일. 다급한 전화 한 통을 받았다.

“엄마가 계속 열이 오르락내리락하네. 주말에 너라도 집에 와서 하루 같이 있자. 상태 봐서 내일 병원도 가봐야 하니.”

아버지의 전화였다. 틈나는 대로 엄마를 문병하는 것이 일상이 된 지 오래전 일이었다. 그럼에도 아버지의 1박 2일 호출은 갑작스러웠다.

“오늘요? 알겠어요. 서둘러 갈게요.”

당시 둘째는 태어난 지 백일도 안 된 갓난아기였다. 집안일이 쌓여 있었고, 아내 혼자 아이 둘을 감당할 수 없는 상황이었다. 아버지의 갑작스러운 호출에 나는 우왕좌왕했다. 그렇다고 안 갈 수도 없는 노릇이었다. 아내에게 미안한 마음을 접어두고 하룻밤 집을 떠나 있을 채비를 마친 뒤 부모님 댁으로 갔다. 거실 환자 침대에 엄마가 누워 있었다. 몸이 더 쇠약해졌는지 목소리마저 잘 들리지 않았다.

당시 부모님의 모습은 항상 비슷했다. 아픈 엄마는 침대에 누워 뒤척이기를 반복하거나 허공에 손을 흔드는 일이 전부였고, 아버지는 늘 부엌에서 무언가를 만들고 있었다. 간병 생활 3년 차에 아버지의 요리 실력은 조리사급으로 발전했다.

그날 아버지는 환자식이라고 볼 수 없을 정도로 다양한 음식을 준비하고 있었다. 엄마의 식사를 손수 만들려고 요리학원까지 수료한 로맨티스트라는 건 익히 알았지만 느낌이 조금 이상했다. 몸 가누기 힘든 엄마가 소화하기엔 음식 양이 지나치게 많았다.

"자, 먹자."

"……."

"자, 한술 떠봐."

"안 먹는다. 못 먹겠다."

두 분의 식사 시간이면 으레 들리는 대화였다. 음식을 삼키기 힘들어 그랬던 걸까. 그냥 누워서 쉬고만 싶었을까. 엄마는 음식을 막 차려온 아버지에게 너무하다 싶을 정도로 안 먹겠다는 말을 반복했다. 엄마 몸 상태로는 식사가 도저히 불가능해 보였지만 아버지는 엄마의 입에 음식을 털어넣으려고 안간힘을 쓰고 있었다. 어느 쪽 편을 들어야 하나 판단이 서지 않았으나 아버지가 지나치게 강압적으로 보였다. 옥신각신하는 두 분 모습에 내 마음도 불편해지기 시작했다.

엄마의 눈에 눈물이 가득 차올랐다. 적극적으로 뭔가를 할 수 없어서 답답하고 억울한 듯했다. 긴 투병 기간 동안 자식들 앞에서 힘든 내색 한 번 하지 않던 엄마가 유독 눈물을 많이 흘린 날이었다. 엄마의 눈물을 보면서도 나는 엄마 건강이 다시 좋아질 거라는 믿음이 컸고 그 불편한 상황도 대수롭지 않게 여겼다. '그럼 한술 먹어보자'고 말하는 엄마 목소리를 기다렸는데 부엌 식탁 쪽에서 다른 음성이 들려 깜짝 놀랐다.

"미안해요, 미안해요."

아버지가 무너지고 있었다. 처음 보는 아버지의 눈물이었다. 힘 빠진 목소리로 흐느끼며 엄마에게 미안하다는 말만 내뱉고 있었다. 그제야 상황 파악이 되기 시작했다. 두 분은 서로에게 다가올 이별을 조금씩 준비하고 있던 것이었다.

"아버지, 밥이 좀 많은 것 같아요. 제가 천천히 드려볼게요."

아버지가 스트레스 때문에 판단력이 점점 흐려지는 건 아닐까 걱정이 되었다. 무슨 일이 있어도 손수 만든 음식을 엄마에게 모두 먹여야 한다는 강박관념에 시달리는 건 아닐까 싶었다. 어쨌든 누구보다 힘든 사람은 엄마이니까 내가 나서서 중재해야겠다는 생각뿐이었다. 그날 저녁 아버지가 흘린 눈물의 의미는 엄마가 떠난 뒤, 뒤늦게 이해할 수 있었다. 옛부터 사람이

곡기를 끊으면 머지않아 세상을 떠난다는 말이 있듯, 아버지는 음식을 완강하게 거부하는 엄마를 보며 이별할 순간이 다가오고 있음을 직감하고 눈물을 흘렸던 것이었다.

그날 밤, 엄마 곁에서 이것저것 챙기고 수다도 떨며 시간을 보내는데 엄마가 또 눈물을 흘리며 힘겹게 말했다.

"이래 가지고 이번 여름을 날 수 있으려나."

"에이, 왜 그러세요."

괜한 소리 말라며 넘겼지만 힘이 풀린 엄마의 눈빛을 마주한 그 순간 나 또한 엄마의 죽음을 떠올리고 말았다.

다음 날 아침, 어제와 똑같은 투병과 간병이 반복되겠지 하며 거실에 나갔다. 이미 일과를 시작한 아버지가 묵직한 목소리로 말씀했다.

"엄마가 또 열이 나는 것 같다. 일단 병원에 가보자."

잠이 덜 깬 상태에서 옷을 입었다. 얼마 지나지 않아 멀리서 사이렌 소리가 들렸다. 엄마를 태울 구급차였다. 거대한 이동식 침대가 집으로 들어왔다. 구급대원이 집에 들어오는 상황은 상상도 못했던 터라 당황했다. 엄마를 실은 구급차는 요란한 사이렌을 울리며 병원으로 출발했다.

그때까지만 해도 병원에서 수액 맞고 의사 한 번 만난 뒤 엄마는 집에 돌아올 거라고 철석같이 믿었다. 그러나 그날 병원으로 향하던 길은 엄마가 20년 동안 살던 집에서 마지막으로 외출하는 길이었다. 전날 밤 이상하리만큼 푸짐하게 차린 저녁상은 아버지가 엄마에게 해준 마지막 식사였다.

엄마는 고열로 병원에 입원해도 일주일 내로 퇴원하곤 했다. 그러나 이번에는 오랫동안 퇴원하지 못했다. 퇴근 후 엄마를 잠깐 보고 집으로 돌아가는 게 일상이 되었다. 시간은 점점 흘러 2주 차가 되어도 퇴원하지 못했다. 그래도 컨디션은 2주 전 집에 있을 때보다는 좋아 보였다. 가끔 문병 오는 친구와 즐겁게 수다를 즐기는 엄마 모습을 보며 걱정은 차츰 누그러들었다. 조만간 다시 집에 돌아가 회복할 거라 생각했다.

정신없이 지내느라 덥수룩하게 자란 머리를 다듬기 위해 집 앞 미용실을 찾은 주말. 다녀오는 길에 스마트폰을 확인하니 부재 중 전화가 여러 번 와 있었다. 덜컥 겁이 났다. 바로 전화를 걸었다. 엄마의 발음이 더 어눌해진 것 같았다. 하지만 대장부같이 쩌렁쩌렁한 목소리는 여전했다.

"어디고."

"엄마, 집 앞에서 머리 자르고 있었어요."

"왜 안 오냐?"

"이제 다 잘랐으니까 곧 갈게요."

"빨리 와라."

다급하게 택시를 타고 병원으로 갔다. 무슨 일이 생겼다기보다는 그제와 어제 퇴근하면서 들르지 않아 섭섭하다는 이야기를 하려는 게 아닐까 싶었다. 7층 병실로 뛰어 올라갔다. 평소처럼 침대에 누워 있는 엄마 모습에 큰일이 난 건 아니구나 싶어 안도감이 들었다.

"엄마, 저 왔어요. 어제 못 와서 죄송해요. 좀 어떠세요."

엄마는 작정한 듯이 내가 의자에 앉기도 전에 말을 꺼냈다.

"여기 앉아봐. 엄마가 어찌 될지 모르겠는데, 아버지 힘드시니까 네가 좀 잘 챙겨라. 너도 건강 챙기고, 항상 아껴 쓰고."

"네. 알겠어요. 걱정 마세요. 좀 어떠세요?"

"……."

엄마는 대답이 없었다. 그저 피곤해서 잠시 숨을 고르는 줄 알았다. 그때까지도 나는 몰랐다. 그 말이 엄마의 유언이라는 사실을.

그 뒤 엄마는 돌아가신 3월 31일까지 단 한마디도 하지 않았다. 아니, 입을 열지 못했으니 말을 할 수 없었다. 다시는 아들과 대화할 수 없다는 걸 느꼈는지 마지막 사력을 다해 나를 호출한 것이었다. 평소와 다를 바 없는 짧은 말로 엄마와의 마지막 대화가 끝나버렸다.

이후 엄마 상태는 급속도로 나빠졌다. 혈압이 불안정했고 피부색이 점점 어두워졌다. 가끔 '음, 음' 정도의 반응을 보이는 게 전부였다. 눈을 감은 채 숨소리만 냈다. 간호사 말로는 돌아가시기 직전에 잠깐 정신이 또렷해지는 순간이 있을 수 있다고 했다. 하지만 엄마는 혼자 남을 아버지를 나에게 맡기고 잿빛 같은 모습으로 세상을 떠났다. 심장 박동 측정기의 요란한 소리와 함께.

"아버지 잘 모셔라!"

엄마의 유언이 미국 아치스 국립공원에 쩌렁쩌렁하게 울리는 듯했다. 미국 땅에서 아버지께 짜증을 냈던 것이 후회되었다. 엄마의 마지막 말이 마지막인지도 모른 채 흘려보냈던 시간을 떠올렸다. 아버지와의 여행도 어쩌면 마지막일지 모를 소중한 시간이었다. 짜증을 거두고 다시 여행을 즐기기로 마음먹으니 한결 편해졌다.

캐피틀리프 국립공원과의 짧은 만남을 뒤로 한 채 다시 길을 떠났다.

4장.

자, 사막 구경 제대로 해보자고

어서 와,
이런 돌은 처음이지?

– 아치스 국립공원을 섭렵하며

인간의 몸이 시차 적응하는 데 필요한 시간은 얼마나 될까. 나의 미국 여행 경험치로 미루어 짐작해보면 닷새 정도는 필요한 듯하다. 강행군을 한 다음 날에도 어김없이 새벽이면 눈이 떠지더니 5일 차가 되니 정상적인 시간에 졸렸고 새벽에 깨지 않고 푹 잘 수 있었다. 제 컨디션을 되찾자 그제야 제대로 된 서부 여행을 해볼 수 있을 듯했다.

아침에 일어나 호텔 거실로 나가보니 아버지가 보이지 않았다. 일찍 일어난 아버지 혼자서 외출한 것 같았다. 전날 밤 맥주도 많이 마셨는데 아버지에겐 숙취 따위도 없는 걸까. 혼자 아침 산책을 지체 없이 떠난 것으로 보아 아버지는 남은 멤버의 스타일을 이미 다 파악한 듯했다. 어쨌거나 홀연히 미국 땅에서 사라진 게 벌써 네 번째. 또다시 아버지 구출 작전을 수행하러 뛰어나가야 하나 싶다가 오늘도 굼뜬 모습을 보여드려 죄송한 마음이 앞섰다.

남은 무리들은 산책을 마친 아버지가 돌아온 뒤에도 모두 꿈나라에 있었다. 헐레벌떡 일어나 짐을 챙기고 나설 채비를 하느라 호텔 조식조차 먹지 못했다. 숙소를 예약할 때부터 조식값을 지불해뒀는데 식당에 가니 모든 것이 치워져 있었다. 마음은 무거웠지만 몸은 몹시 가벼운 상태로 짐 정리를 마쳤다. 체크아웃 후 우리의 네 번째 국립공원인 아치스 국립공원으로 향했다.

아치스 국립공원은 이름 그대로 아치 형태의 돌이 가득한 국립공원이다. 아주 오랜 시간 비와 바람에 의해 천연 조각물이 생겼는데 크고 작은 아치 형태를 갖춘 돌이 한곳에 이토록 많이 모인 곳은 이곳이 유일해서 학자들에게도 연구 대상이라고 한다. 유타주 자동차 번호판에 그려진 배경 그림도 아치스 국립공원의 바위라고 하니 이 공원이 갖는 대표성과 상징성은 굉장하다. 매년 약 180만 명이 다녀가는 이곳을 빨리 두 눈으로 확인하고 싶었다.

공원의 너비는 무려 310제곱킬로미터가량, 서울시의 절반 규모라는 사실에 경탄했다. 넓어도 너무 넓은 공원이기에 몇 시간 내에 모든 포인트를 다 돌아볼 순 없었다. 전략이 필요했다. 가장 효율적인 방법으로 이 여행지를 느껴야 했다.

"자, 여기 잠시 정차!"

아버지가 갑자기 소리를 쳤다.

"사진을 찍거나, 물을 마시거나, 화장실을 가거나. 딱 5분씩만 볼일 보고 간다!"

5분 여행 전략이라고나 할까. 대장님의 명령이 유타주 하늘에 울려 퍼졌다. 늦잠 자느라 호텔 조식도 먹지 못한 우리에게 느긋하게 여행하는 것은 사치였다. 대장님의 전략에 아무도 거부권을 행사하지 못했고 재빠르게 이동했다.

한라산보다 높은 해발 2,000미터 지점이었다. 더 높은 언덕을 향해 깎아지른 듯한 절벽을 자동차로 지그재그 올라가기 시작했다. 어지러운 길을 5분 정도 올라가다 첫 전망대인 코트하우스 타워스가 나타났다. 아직 아치 모양이 되지 못한 돌산이었는데 반듯하게 각진 모양이 마치 견고한 법원 건물을 보는 듯했다. 그 때문에 이 구역의 이름도 '코트하우스'라고 지어진 것 같았다. 그중에서도 '라 살 마운틴스 뷰포인트'라는 곳에 오르자 영화 〈마션〉의 화성 모습과 견줄 만한 드넓은 평원이 펼쳐졌다. 어젯밤 멤버들이 별 구경을 떠났을 때 잠시 머물던 지역이기도 했다. 5분 만에 둘러봐야 하는 미션을 잊지 않고 차에서 내려 바람도 쐬고 기념 사진도 찍은 후 재빠르게 다음 포인트로 이동했다.

코트하우스 타워스 인근에는 풍화 작용의 영향을 덜 받은

코트하우스 타워스에서 신비한 돌 바위를 보니 마음속이 뜨거워진다.

돌산이 많았다. 도로를 따라 두 번째 구역으로 이동할 때에도 왼편으로 큰 돌산이 솟아 있었다. 그중 '더 그레이트 월'이라는 구역이 눈에 띄었다. 거대하고 큰 바윗덩어리가 왼쪽 구역을 막고 서 있었다. 이름 그대로 큰 성벽 또는 거대한 우주선 같았다. 아쉽게도 이곳은 우리의 두 번째 목적지가 아니라 그냥 지나치긴 했지만 일행 모두 입을 다물지 못했다.

왔으면 끝을 봐야지

우리의 두 번째 지점은 '밸런스드 락'이라는 곳이었다. 이른바 '균형 잡힌 돌 타워'. 이곳 또한 아치스 국립공원의 대명사나 다름없었다. 호리호리한 몸통 바위를 따라 점점 좁아지는 목 위에 아주 큰 바위가 위태롭게 얹어져 있는 구조였는데 피사의 사탑처럼 기울어진 모양새라 더욱 신비했다. 인간이 이렇게 조각하려면 정밀 역학이 동원되어 꼼꼼하게 설계해야 할 텐데 바람과 물이 만든 완벽한 조각품이었다.

밸런스드 락 구역도 5분 동안만 둘러본 뒤 공원의 중심지로 이동했다. 목적지에 가까워질수록 '아치스'라는 이름에 걸맞게 풍화 작용으로 구멍이 뻥 뚫렸거나 뚫리고 있는 듯한 아치형 바위가 눈에 띄었다. 그중에서 우리가 향했던 지점은 '윈도우즈 섹션'이라는 곳으로 거대한 구멍이 난 바위였다. 얼마나 큰 구멍이길래 이름을 '창문'이라고 지었을지 궁금해지던 찰나, 멀리 언덕 위에 위치한 한 무리의 바위가 눈에 들어왔다. 역시나 거대했다. 바위 높이는 약 20층가량 되어 보였고, 뚫린 구멍의 크기도 아파트 10층 높이는 되어 보였다.

가까이 다가가니 정말 커다란 창이 열린 듯 바람이 거세게 불었다. 그 바람결도 바위를 열심히 깎아내는 중인 듯했다. 공원 전체를 둘러볼 필요도 없이 윈도우즈 섹션에서만도 아치 바위를 실컷 볼 수 있었다. 윈도우즈 섹션 입구에는 '코끼리의 행진'이라든지, '더블 아치' 같은 이름도 독특한 바위가 관광객을 맞이했다.

윈도우즈 섹션 중 진짜배기는 '노스 윈도우'와 '사우스 윈도우'였다. 구릉 수준의 언덕이라 부담 없었고 바람도 시원하게 불어서 뜨거운 햇볕도 견딜 수 있는 지점이었다. 뜨거운 하늘 아래 냉장고 바람이 불어오니 풍화 작용도 활발하지 않았을까 생각하는데, 멀찍이 아버지가 하이킹을 시작하고 있었다. 그동안 실컷 보았던 붉은 돌덩이와는 다르다는 것을 아이들도 눈치챘는지 차에서 내려 즐거운 표정으로 주변을 둘러보았다.

천천히 언덕을 따라 올라갔다. 누나 가족은 사우스 윈도우 방향으로 향했고, 아들과 나는 계속해서 노스 윈도우 방향으로 직진했다. 뜨거운 햇볕 아래라 아들 녀석이 걱정되었는데 다

'밸런스드 락'이란 이름답게 아슬아슬 균형을 잡고 서 있다.

멀리 노스 윈도우가 보인다. 바위 속 거대한 구멍이 신비롭다.

행히 다람쥐처럼 가볍게 산을 올라타고 있어서 대견했다.

"그만 올라갈까? 이쯤에서 사진 찍으면 되지 않아?"

"아빠, 왔으면 끝까지 가봐야지."

아들 녀석은 뒤도 안 보고 나를 끌고 올라갔다. 백번 칭찬할 만했다.

다음은 아치스 국립공원의 백미라고 불리는 '델리킷 아치'로 향했다. 10분여를 달려 주차장 부근까지 갔는데 지도를 보니 델리킷 아치까지는 제법 오랫동안 등산로를 따라 걸어 올라가야 했다. 윈도우즈 섹션에서 힘을 많이 소진한 게 문제였다. 게다가 날씨가 너무 더워서 누구도 차에서 선뜻 내리려 하질 않았다. 결국 탐험 정신 투철한 아버지만 차에서 내렸다. 5분쯤 뒤 차에 돌아온 아버지가 외쳤다.

"덥다. 그만 가자."

바로 결단을 내려준 아버지에게 감사했다. 하지만 귀국 후 아치스 국립공원을 복기해보니 바로 이곳, 델리킷 아치만 한 명소가 없었음을 알게 되었다. 주차장에서 후퇴한 것을 땅을 치며 후회했다. 델리킷 아치가 유명한 이유는 바위가 산 정상 부근에 자리 잡고 있고, 바위 뒤는 아무것도 없는 지평선이라서 인생 사진을 건질 수 있는 곳이기 때문이란다. 대충 찍어도 작품 사진이 나온다는 말에 가지 못한 것이 두고두고 아쉬웠다.

공원 끝자락에 있는 '데블스 가든'이라는 곳으로 향했다.

'악마의 정원'이라니 이름 참 화끈하다. 자이언 국립공원에서는 '천사가 내려온 곳'이라는 앤젤스 랜딩이 있었는데 아치스 국립공원에는 악마의 정원이 있다니, 유타주는 온통 선악이 극렬하게 충돌하는 곳이 아닐까 싶었다.

공원 입구부터 데블스 가든까지 쉬지 않고 이동했으나 차로 30분이 넘게 걸렸다. 어떤 이유에서 이름에 '악마'가 붙었는지 궁금했는데, 입구에서 보이는 바위의 아찔한 형상을 보니 단번에 이해가 되었다. 산책로 주변에 삐죽삐죽 솟은 바위는 입장객을 하나하나 내려다보는 듯했다.

역시나 이곳에서도 날씨가 발목을 잡았다. 데블스 가든에 도착했을 때 일행 중 어느 누구도 이 뜨거운 태양 아래 서서 악마의 정원으로 들어갈 시도를 하지 못했다. 너무 더운 날씨 때문에 주차장에는 대형 구급차까지 대기하고 있었다. 공원 내부는 더 뜨겁지 않을까 덜컥 겁이 났다. 누구도 선발대로 자진하는 사람이 없었다. 결국 이곳에서도 아버지는 무거운 카메라를 들고 홀로 사라졌다 돌아왔다. 몹시 죄송스러웠다.

악마의 정원을 떠나 30여 분을 달려 다시 공원 입구에 도착했다. 입구에는 방문자 센터가 있었다. 짧은 5분 투어 전략으로 다섯 지점을 구경하다니 매우 아쉬웠지만 자이언 국립공원의 버스 투어보다는 허무하지 않았다. 오히려 밀도 높게 주요한 지점을 다 둘러보고 왔다는 뿌듯함이 일었다. 아치스 국립공원에 머문 시각은 고작 몇 시간이었지만 중요한 지점을 잠깐씩 보는 새로운 여행 기법이 생긴 것 같았다. 이 정도면 충분했다.

데블스 가든 주차장에서 찍은 사진. 바위 모양새가 독특하다.

좀 피곤해,
집에 가봐야겠어

– 영화 〈포레스트 검프〉 촬영지에서

우리 일행 앞에 근사한 일정이 기다리고 있었다. 어쩌면 그곳은 내가 이번 미국 여행을 결심한 이유이기도 했다. 영화 〈포레스트 검프〉에서 포레스트 검프가 장장 3년 하고도 2개월 14일 16시간 동안 달리기를 하다가 갑자기 멈춰버린 클라이맥스의 현장이었다.

"I'm pretty tired. I think I'll go home now(좀 피곤해. 집에 가봐야겠어)."

포레스트 검프가 허무한 대사를 남기며 마라톤을 끝낸 지점. 그곳의 정식 명칭은 '모뉴먼트 밸리'의 '포레스트 검프 포인트'다.

아치스 국립공원을 떠나 자동차로 먼 거리를 이동해야 하는 강행군이었다. 지난 사흘간 달려왔던 길의 절반을 돌아가야 했다. 어제는 하루에 걸쳐 다섯 시간을 운전했다면 오늘은 반나절 동안 다섯 시간을 운전해야 하는 날이기도 했다. 두 시간 가까이 달리니 직선 도로가 조금씩 다른 풍경으로 변했다. 크고 작은 마을과 멀어졌고 점차 검붉은 흙이 보였다. 평지였던 길도 가면 갈수록 굴곡이 느껴졌다. 언덕으로 올라가는 듯한 느낌도 들었다. 급하게 스마트폰을 열어 지도를 펼쳤다. 아니나 다를까 15분 정도 더 가면 오늘의 중간 목적지인 포레스트 검프 포인트가 나타난다고 나와 있었다.

영화에서 보던 그 멋진 장소가 과연 어떻게 생겼을지 궁금했다. 점점 긴장되고 두근거렸다. 10년 전 로스앤젤레스에서 라스베이거스로 넘어가며 보았던 고속도로처럼 포레스트 검프 포인트도 멋진 곳이겠지. 밀려오던 잠이 순식간에 달아나버렸다.

날씨가 약간 흐려졌다. 지난 닷새 내내 구름 한 점 없이 쨍쨍하던 하늘에 비가 곧 쏟아질 듯 구름이 가득했다. 오랜만에 보는 구름이 반가웠다가, 해를 가리면 멋진 작품 사진을 찍기에는 글렀다는 생각에 아쉽기도 했다. 그토록 피하고 싶던 햇볕이 사라지자마자 그립다니 알 수 없는 노릇이었다. 살금살금 기어가듯 차를 몰아 내비게이션이 가리키는 곳으로 이동했다.

'여긴가? 조금 더 가야 하나? 잘못 찾아온 건가?'

내비게이션에 찍힌 '목적지까지 1분'이 왜 그리 멀게 느껴졌을까. 혹시 지나치는 건 아닐까 싶어 조마조마하던 그때 드디어 눈앞에 포레스트 검프가 마라톤을 멈춘 길이 나타났다.

일행 모두 눈이 휘둥그래졌다. 낮은 언덕을 굽이 넘어가면 언덕 정상 부근에 넓은 사막이 수십 킬로미터 펼쳐졌다. 광활한 그림이 한눈에 들어오는 가운데 곧게 뻗은 그 길이 있었다. 길 끝에는 뾰족하게 솟은 모뉴먼트 밸리 돌산이 있었다. 영화에서 본 바로 그 장소와 꼭 같은 곳이었다. 차 안에 있던 모두가 감탄했다.

"와! 드디어 왔구나."

감동 말고는 표현할 수 있는 단어가 없었다. 거친 언덕을 넘어서는 순간 내리막길이 나타나니 멤버의 감동이 배가되기에 충분했다.

"이야, 허허허. 차 세워봐라."

아무 말 없던 아버지도 만면에 웃음이 가득했다. 차를 세우고 너나없이 땅을 밟았다. 수십 년 전 영화에서 봤던 그곳에 서서 사진을 찍었다. 그러던 중 작은 팻말이 눈에 띄었다.

Forrest Gump

ENDED HIS CROSS-COUNTRY RUN AT THIS SPOT, 1980

(포레스트 검프가 1980년에 이 지점에서 달리기를 멈췄다.)

영화 속 캐릭터인 포레스트 검프를 마치 실존 인물처럼 표현한 팻말을 보자 멋지다는 말이 저절로 나왔다. 나무판자에 거친 칼로 조각을 낸 문양도 대단히 창의적이었다.

체면 따윈 고이 접어둬

이곳에서 제대로 된 사진을 찍으려면 도로 중앙으로 가는 수밖에 없었다. 자동차가 어서 지나가기만을 기다렸다가 사진을 찍기 위해 도로 중앙으로 몰려드는 사람들을 구경하는 재미도 쏠쏠했다. 한 멋쟁이 아저씨는 대형 지프차를 몰고 와서 드론을 날렸다. 그의 드론이 어떤 사진을 찍었을지 궁금했다.

우리도 체면 따위는 접어두고 달려오는 차가 없을 때 도로 중앙으로 향했다. 아이 어른 할 것 없이 사진 찍기에 여념이 없었는데 아버지가 안 보였다. 한참을 두리번거리다가 삼각대를 들고 맞은편 길에 선 아버지를 발견했다. 날씨가 흐렸고 바람도 세차게 불지만 이렇게 멋진 곳에 왔다는 사실만으로도 즐거웠다. 내 인생에 있어서 최고의 순간이라고 단언할 수 있었다. 그토록 원했던 곳에 진짜 와 있다니 속이 뻥 뚫리는 기분이었다. 안식년 여행의 목적 절반은 달성한 듯 뿌듯했다.

포레스트 검프는 잊고서 숙소로 돌아가야 할 시간이 왔다. 모뉴먼트 밸리 방향을 거쳐 가야 했는데 역시 이곳은 미국 서

포레스트 검프가 영화 속에서 마라톤을 끝낸 지점임을 알리는 팻말이 재치 있다. 뒤로는 모뉴먼트 밸리가 보인다.

포레스트 검프 포인트에 정말 오다니 감격에 젖어 말을 잇지 못했다.

부 이미지를 대표하는 장소였다. 삐죽삐죽 솟아오른 돌산을 배경으로 말을 타거나 마차를 끌어야 할 것 같은 느낌. 그게 아니라면 카우보이 모자라도 써야 할 것만 같았다. 사진으로는 가늠할 수 없던 돌산의 크기는 직접 보니 어마어마했다.

모뉴먼트 밸리에서는 수많은 할리우드 서부 영화가 촬영되었다고. 〈백 투 더 퓨처〉, 〈포레스트 검프〉, 〈와일드 와일드 웨스트〉, 존 포드의 〈수색자〉도 이곳에서 촬영했다. '존 포드 아웃룩'이라는 전망대가 있을 정도로 영화 촬영의 성지인 곳이었다. 요즘은 국내 자동차 광고에도 자주 등장한다고.

그런데 모뉴먼트 밸리는 국립공원이 아니었다. 이 지역은 인근 나바호(Navajo) 인디언이 관리하고 있기 때문이었다. 나바호족은 자신들의 구역을 '나바호 네이션'이라 명명하고 별도의 국가처럼 자치 생활을 하고 있단다. 모뉴먼트 밸리는 인디언의 국가에 포함된 위치에 있어 미국 정부에서 특별한 명칭을 부여하지 못했다고 한다. 실제로 모뉴먼트 밸리를 제대로 탐방하려면 인디언 투어 가이드를 통해야만 가능했다.

이동하는 거리마다 알 수 없는 가판대가 눈에 보였다. 황량한 사막에 천막을 치고 수제 장신구나 보석 등을 판매하는 곳이었다. 차를 세워 둘러보았으나 살 만한 값어치가 있는 물건은 없었다.

"거참. 저런 것들 팔지 말고. 마, 월마트에서 마, 콜라를 잔뜩 사와서 이렇게 더운 사막에서 콜라를 열 배 남겨 팔아도 내가 마, 사 먹을 텐데, 안타깝다."

말투만큼은 범죄 영화의 경상도 깡패 같았지만, 아버지의 말씀은 역시 경영학도다웠다. 조금 더 인디언의 정취를 느껴볼까 싶었으나 시간이 지체되어 그냥 지나가기로 했다. 이곳은 그저 포레스트 검프 포인트를 보러 온 것이므로 감동은 이 정도로도 충분했다. 곱씹어도 미국 서부 여행 중 백미였던 하루다.

나바호 인디언 자치 지역의 성조기에는 인디언이 그려져 있다.

모기 4천 마리에게 물린 기분

- 위기가 찾아오다

여행 중 어떤 시련을 겪게 될까. 언어 장벽이나 인종 차별과 관련된 것이 가장 큰 문제이지 않을까 싶었는데, 전혀 상상하지 못한 곳에서 시련이 찾아왔다.

브라이스 캐니언에서 하룻밤 묵고 다음 날 아침 이동할 때였다. 처음 운전 당번이 되어 핸들을 잡았다. 렌터카는 기본 목적에만 충실한 차량이라서 창에 선팅이 되어 있지 않았다. 뜨거운 햇볕이 내리쬐는 운전석에 앉아 몇 시간을 운전했더니 직사광선이 온몸에 스며들었다. 특히 팔이 불타오르는 것만 같았다. 처음에는 다소 간지러운 느낌이었다. 본래 알레르기 체질이기에 대수롭지 않게 여겼는데 시간이 갈수록 가려움증이 심해졌다. 정신을 차리고 보니 붉은 발진이 부풀어 오르고 있었다.

그날은 저녁 늦게서야 숙소에 도착했고 마트 식재료 당번이라서 정신도 없었다. 더군다나 일찍 잠들어버려서 팔 상태에 대해 정확히 모르는 상황이었다. 다음 날에도 사태의 심각성은 느끼지 못한 채 단순 알레르기라고 생각하며 일정을 소화했다. 아치스 국립공원 투어, 포레스트 검프 포인트 주파 등 차곡차곡 일정을 소화한 뒤 숙소까지 문제없이 이동했다. 그저 이틀 연속으로 운전한 피곤을 풀고 싶은 마음만 굴뚝같았다. 뜨끈뜨끈한 물에 몸을 담그고 싶었다. 일행 중 가장 마지막 순서로 샤워하면서 간지럽던 팔을 마사지라도 할 겸 비누로 꼼꼼히 씻고 찬물, 더운물 번갈아가며 달랬다. 그러나 나아지기는커녕 환부가 더 크게 부풀어 오르고 간지러움이 더 심해졌다.

이때까지만 해도 체질에 맞지 않은 음식을 먹은 탓이라고 생각했다. 그저 빨리 가라앉기만을 바라며 로션을 듬뿍 발라보고 물에 여러 번 씻어보기도 했는데 도저히 차도가 없었다. 여행 멤버들과 함께 점점 악화되어가는 이 사태의 해결책을 찾고 싶었다. 하지만 여행 막바지였고 모두 지쳐 있었다. 누군가에게 위로를 받거나 적극적인 도움을 기대하기가 힘든 분위기였다. 외롭게 이 고통을 견뎌내는 수밖에 없었다.

"외삼촌, 간지러워요?"

"응."

"얼마나요?"

"음, 모기 한 4천 마리가 동시에 무는 것 같은 기분?"

간지럽다 못해 따가워지기 시작했다. 예감이 좋지 않았다. 이러다가 팔을 잃게 되는 것은 아닐까 겁이 날 정도로 참기 힘들어졌다. 깨진 스마트폰을 들고서 한참을 찾아보았다. 그동안 먹었던 음식도 빠짐없이 메모장에 적어두었다. 재료별로 피부 발진이 나는 경우가 없는지 싹 뒤져보았다. 그래도 답을 찾기 어려웠다. 그사이 간지러움은 통증으로 변해 있었다. 고통 속에서 억지로 침대에 누웠다.

사막에서 태양 피하기

힘들게 잠들었다. 하지만 가려움 때문에 금방 잠에서 깼다. 시계를 보니 자리에 누운 지 두 시간 정도 지난 뒤였다. 잠들기 전보다 더한 간지러움이 내게 찾아왔다. 4천에 4천을 더해 모기 8천 마리에게 물린 기분이었다. 초고속 반동의 속도로 팔을 긁어버리고 싶었다. 하지만 그랬다가는 헬기를 타고서 한국으로 돌아가야 할 것 같아 초인적인 힘으로 참았다. 다시 잠들 수도 견딜 수도 없어서, 인터넷으로 원인을 찾아보았다. 유사한 상황으로 추정되는 누군가의 글이 있었다.

"햇빛 알레르기입니다."

상처 입은 팔로 애처롭게 햇빛 알레르기에 대한 정보를 수

집하고 공부했다. 어느 정도 유사한 정보를 더 찾아본 결과 햇빛 알레르기라는 확신이 들었다. 졸지에 애리조나에서 햇빛 알레르기로 박사 학위를 받은 기분이었다. 열심히 해결책도 찾았지만 더 큰 좌절이 밀려왔다.

"햇볕을 피하고 잘 쉬고 열감을 빼면 사흘 뒤 가라앉는다."

'사막에서 햇볕을 피하라고?'

사흘 중 앞으로 이틀은 40도에 가까운 사막 속을 달려야 했다. 열감을 빼면 한결 낫다는 글을 본 뒤 방법을 찾아보았다. 대부분 알로에를 믹서기로 갈아 붙이는 걸 추천했다. 당장 알로에를 구할 수는 없는 노릇이었다. 방법을 더 찾아본 결과, 차가운 얼음주머니를 이용하라는 조언이 있었다. 하지만 이 시골 마을의 숙소에는 얼음이 없었고 냉장고도 시원찮았다. 잔머리를 최대로 동원했다. 얼음 대신 수건을 적셔 냉동 칸에 넣어두었다가 팔 위에 올렸다. 가려움이 조금 가셨다.

까무룩 잠이 들었다. 누군가가 나를 괴롭히는 꿈을 꾸다 잠에서 깼다. 팔의 통증이 되살아났던 것이다. 팔 위에 있던 수건은 미지근해졌고 그마저도 바닥에 떨어져 있었다. 졸린 눈을 비비고 수건에 다시 물을 적셨다. 그리고 또 냉동 칸에 얼리기를 반복하며 긴긴 밤의 고통을 이겨냈다.

내 인기척에 아버지가 일어났다. 상비약으로 일본산 물파스를 가져왔으니 써보라는 말에 발랐더니 즉시 효과가 있었다.

간지러움이 한순간에 사라졌다. 그런데 30분 후 엄청난 고통이 찾아왔다. 약 때문인지 피부는 수세미처럼 거칠어졌다.

얼린 수건 덕분에 고통을 줄일 수 있었지만 잠을 거의 못 잤다. 여행이 막바지에 이르자 심리적으로 위축되어 빨리 한국으로 돌아가고만 싶었다. 일행 중 누구도 햇볕을 가릴 만한 도구를 갖고 있지 않았다. 긴팔 옷은 당연히 없었고 팔 토시 같은 것도 없었다. 그런 걸 파는 곳도 미국 서부 시골 마을에서는 찾기 힘들었다. 팔 상태가 이렇게 되기 전까지는 팔 토시를 사야겠다는 생각은 전혀 하지 못한 터였다. 그나마 떠올린 방법이 한국에서 가져온 점퍼였는데 찜통 더위에 차마 입을 수 없었다. 차라리 간지러운 고통을 택하는 게 나을 만큼 뜨거운 날씨였기 때문이다. 가위로 점퍼를 잘라 팔 토시를 만들어 볼까도 싶었지만 그냥 고통을 마주하는 것이 최선이었다.

아버지가 챙겨온 물파스로 하루하루 견뎌야 했다. 하지만 그마저도 금세 한 통을 다 써버렸다. 1주 차 여행을 마친 며칠 뒤 지친 몸을 이끌고 열기와 직사광선의 광기가 덜한 시애틀로 돌아왔다. 그러자 신기하게도 하루 하고 반나절 만에 씻은 듯이 나았다.

팔에 치명적인 피부병을 선사한 미국 서부의 사막은 몹시나 뜨거웠다.

괜찮아요,
사실 가고 싶지 않았어요

- 예술품 같던 앤털로프 캐니언에서 우왕좌왕

미국 서부 여행을 시작한 지 엿새째 되는 날 아침이 밝았다. 전날 밤 햇빛 알레르기 때문에 잠을 완전히 설쳤다. 그래도 오늘만큼은 호텔 조식을 꼭 먹겠다는 일념으로 벌떡 일어났다.

로비에 내려가 식당에 자리를 잡고 앉았다. 아들 녀석은 바나나와 달걀, 요구르트를 먹으며 축구 경기를 보고 있었다. 러시아 월드컵이 한창이던 시기였다. 어느덧 8강전 경기가 펼쳐지고 있었다. 한국에서 출발할 때 우리나라가 독일을 2 대 0으로 물리친 뒤 얼마 안 된 날이었는데 벌써 8강전이라니 시간이 많이 흘렀구나 싶었다.

그런데 우리의 목적지인 '앤털로프 캐니언'이 예약제라는 청천벽력 같은 소식이 들려왔다. 현장에 가면 바로 들어갈 수 있겠지 싶었는데 여기저기 알아보니 남아 있는 자리가 거의 없었다. 지구상 어디에서도 찾기 힘들 만큼 독특한 협곡이었다. 최근에는 작품 사진으로 많이 알려져 더욱 붐비는 모양이었다.

예약 가능한 시간을 알아보았다. 햇빛이 협곡 안으로 들어와 가장 멋진 사진을 찍을 수 있는 시간은 열한 시부터 오후 한 시라고 했다. 그 시간은 '사진작가 시간'으로 지정되어 있어서 전 세계 사진사들이 경쟁적으로 예약하는 시간이란다. 당연히 자리는 없었다. 우리 일곱 명 모두가 다 함께 움직이는 것은 꿈도 꿀 수 없었다.

대체 얼마나 멋진 곳일까 궁금해졌다. 하지만 전날 밤잠을 거의 못 잔 상황이라 몸이 따라주지 않았다. 호텔에서 봤던 시끌벅적한 중국인들 틈바구니에서 구경하고 싶진 않았으므로 예약 불가 소식을 가볍게 받아들이기로 했다.

그런데 아버지는 달랐다. 포레스트 검프 포인트가 나의 목적지였다면 아버지에겐 앤털로프 캐니언이 이번 여행의 목적지였다. 누나는 아버지 눈치를 살피며 아침밥도 거른 채 여기저기 여행사에 전화해 자리를 알아보고 있었다. 누나의 표정이 어두웠다. 진땀을 흘리는 걸 보니 결과가 좋지 않을 것만 같았다.

앤털로프 캐니언 또한 국립공원이거나 국립 기념물처럼 정부에서 관리하는 명승지가 아니다. 모뉴먼트 밸리처럼 나바호족이 자체적으로 관리하는 관광지다. 그들이 운영하는 여행사를 통해 예약해야만 입장이 가능했다.

"자리 구했다! 그런데 여석이 많지가 않네. 세 시에 여섯 명, 열한 시에 한 명이 가능하대."

다 함께 투어할 수 있는 시간이 오후 세, 네시 뿐이라니. 그 시간이면 우린 이미 저 멀리 그랜드 캐니언에 도착해 있어야 했기에 선택의 여지가 없었다. 결국 열한 시에 한 명만 투어를 할 수 있는 상황이었다.

갑자기 모두가 착한 양이 된 듯 자신은 가지 않아도 된다고 양보했다. 물론 나도 양보했다. 그토록 예약이 어렵다는 열한 시 포토그래퍼 투어는 우리 중 촬영 장비가 가장 출중한 아버지가 가는 걸로 당첨되었다. 정말 안 가도 되겠느냐고 말하면서도 아버지 표정에 어쩔 수 없는 즐거움이 묻어나는 것 같았다.

체크아웃하고 앤털로프 캐니언으로 향했다. 앤털로프 캐니언은 '로어(Lower)'와 '어퍼(Upper)'로 나뉘는데, 평이 조금 더 좋은 로어 앤털로프 캐니언으로 갔다. 마지막 지푸라기라도 잡아볼 심산으로 여석을 확인했지만 역시나 자리는 없었다. 남자 멤버들은 번거롭다는 듯이 아예 차에서 내리지도 않았다.

"뭐야, 왜 안 내려? 뭐 하는 거야, 그럴 거면 여길 왜 왔어? 정말 여기까지 왔는데 그냥 갈 거야?"

누나가 짜증을 냈다. 맞는 말이었다. 하지만 나는 정말 조금도 움직이고 싶지 않은 컨디션이었다. 짜증을 내봐도 티켓은 없는 게 빤했으니 들어갈 수도 없는 상황이었다. 기다려봤자 자

앤털로프 캐니언. 지상은 뜨거운 사막이고 지하로 내려가야 협곡으로 갈 수 있다.

리는 나지 않을 테고 날씨는 너무 덥고 아이들의 안전도 고려해야 했다.

아침부터 식사도 제대로 하지 못한 채 예약했건만 막상 호응하는 사람이 없으니 누나가 화낼 만했다. 불같이 화를 내는 누나 모습에서 화끈하던 엄마의 모습이 엿보였다. 적극적으로 빈자리를 찾는 누나의 모습이 새삼 새로웠다. 한국에서도 저랬던가. 타국 생활이 사람을 바꾼 걸까. 누나의 마음이 이해되기도 하면서 낯설기도 했다. 어쨌거나 15년 전 한국을 떠날 때 누나의 이미지와는 매우 달랐다.

2004년경, 군 대체 복무 중 4주간의 군사 훈련을 마쳤을 때 나는 8킬로그램을 감량했다. 가족들은 기념사진을 남기자며 스튜디오로 향했다. 내 머리는 삐죽삐죽 여전한 훈련병 스타일이었다. 까무잡잡하고 홀쭉한 모습으로 사진에 남았다. 갑작스레 가족사진을 찍은 까닭은 누나가 유학을 앞두고 있기 때문이기도 했다. 그 가족사진은 우리의 마지막 가족사진이 되었다.

그 뒤로 누나의 긴 유학 생활이 시작됐다. 한국에서도 석사 학위를 딴 뒤였으나 다시 미국에서 석사 학위 과정을 시작했고 박사 과정까지 진학했다. 도중에 한인 교회에서 만난 매형과 미래를 약속했다. 두 사람은 학위 과정을 마치고 시애틀에 터를 잡아 현지 교민이 되었다. 외로움과 차별, 녹록지 않은 미국 생활을 10년 넘게 한 누나. 활달하고 다소 털털하던 20대

모습과 달리 악착같은 40대로 바뀐 것 같았다.

누나의 활약에도 불구하고 남자들은 차에서 내리지 않았다. 미련을 버리기로 했다. 예약이 완료된 아버지만 혼자 가게 되었다. 또다시 아버지 혼자서 뜨거운 날씨를 견디며 여행할 생각을 하니 걱정이 앞섰다.

"걱정하지 말고 너희들은 어서 가라."

아버지는 내심 기쁜 표정이었다. 걱정 말고 어서 놀다 오라며 우리를 재촉했다.

남자들의 진심

밖은 살을 태우려는 듯 뜨거운 햇볕이 내리쬐고 있었다. 아버지가 떠난 뒤 남은 자들은 빨리 시원한 곳으로 이동하자며 도시로 돌아갔다. 그런데 마땅히 갈 곳이 떠오르지 않았다.

"매형, 우리 월마트에 가보는 건 어때요?"

"……."

시원한 마트에서 시간을 때우자고 제안했다. 그런데 반응이 미지근했다. 매형도 누나도 아무 말이 없었다. 정적이 흘렀다. 서울 촌놈인 나에게 월마트는 기업의 성공 사례를 배울 때 늘 등장했던 곳이라 꼭 한 번 가보고 싶었다. 하지만 누나 부부에게는 한낱 동네 마트일 뿐일 테지. 그런 곳에 아까운 시간을 쪼개 가자니 내가 한심해 보였을 것이다. 어쨌거나 나에게 월마트는 신비의 대상이었다.

대체 어디를 가야 할까 고민하던 중 근처에 글렌 캐니언 댐이 있는 것을 알고 무작정 찾아갔다. 멋진 전망대가 있었는데 방문자 센터가 제법 잘 갖춰진 곳이었다. 과거 역사까지 알려주는 시원한 영화관도 있어서 아이들과 함께 피서하기에 안성맞춤이었다.

글렌 캐니언은 공식적으로 국립공원 수준에 미치지 못하는 곳이었다. 그래서 조금 아쉬운 면이 있긴 했지만 협곡을 가로지르는 낭떠러지 위에 세워진 교각이나, 영화에서 본 듯한 거대한 댐이 장엄한 풍경을 연출했다. 흥미로운 시간을 보낸 뒤 다시 아버지를 모시러 앤털로프 캐니언으로 돌아갔다. 아버지가 땀을 뻘뻘 흘리면서 돌아오고 있었다.

"덥죠? 어떠셨어요? 사진처럼 멋져요?"

아버지에게 폭풍 랩을 하듯 질문을 쏘아붙였다. 한국에서 열심히 조사해둔 지역이기도 해서 '리얼' 후기가 궁금했던 것이다. 아버지의 과장된 액션과 찬양을 예상했지만 의외의 대답이 돌아왔다.

"별로다."

"응? 왜요?"

방문자 센터 내부에서 볼 수 있는 글렌 캐니언 댐 모습이 인상적이다.

"길이 좁고, 내려가는 계단이 가파르고, 먼지가 많다."

아버지는 이번 여행에서 앤털로프 캐니언을 최고의 지점으로 점찍어두었는데 정말로 기대 이하였거나, 뭔가 숨기는 것이 있는 듯했다. 매사에 긍정적인 아버지가 아무래도 우리에게 미안해서 마음에 없는 말을 한 게 아닐까 싶었다. 그다지 가고 싶지 않았던 나머지 남자들의 진심도 모른 채 말이다.

아버지에게 앤털로프 캐니언이 어떤 의미를 가졌는지는 서울에 돌아와서 알게 되었다. 우리의 미국 여행을 포함해서 지난 1년간 찍은 사진으로 아버지는 개인 사진 전시회를 열었다. 수많은 사진 중 앤털로프 캐니언을 대표 작품으로 내걸었다. 특히 사진전이 끝나고 나서는 앤털로프 캐니언 액자를 집에서 가장 잘 보이는 현관 신발장 앞에 걸어두었을 정도였다. 우리에게 미안해서 투어가 별로라고 말한 것이 분명해졌다.

'아버지, 솔직하게 말해도 돼요. 저는 거기에 가고 싶지 않았어요.'

차마 뱉을 수 없는 말이 머릿속을 맴돌았다. 아버지가 남긴 앤털로프 캐니언 사진, 역시나 예술이다. 가보지 못했지만 마치 직접 다녀온 것 같은 착각이 들 정도다.

아버지가 찍은 앤털로프 캐니언 사진은 예술이다.

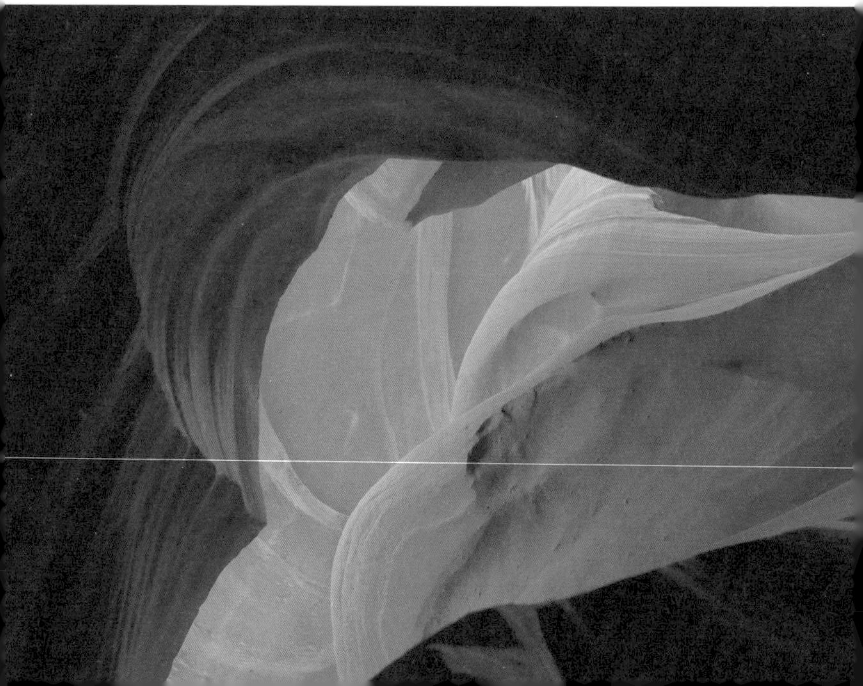

훈남처럼
잘생긴 협곡

– 그랜드 캐니언으로 가는 길, 호스슈 벤드에서

그랜드 캐니언에 가기 앞서 앤털로프 캐니언이 있는 도시, 페이지의 또 다른 자랑거리인 '말굽 협곡'에 잠시 들르기로 했다. 말굽 협곡, 즉 '호스슈 벤드'는 콜로라도강 중간 지점인 파월 호수 인근에 있는 큰 협곡이다. 페이지에서 자동차로 딱 10분 거리라서 잠깐 둘러보기에 손색없었다.

호스슈 벤드만큼 '백문이 불여일견'이라고 말할 수 있는 곳이 또 있을까. 누구나 사진 자료로 한 번쯤은 봤을 이곳은 실제로 보면 그 거대함과 웅장함이 형용할 수 없을 정도다. 무엇보다 사막에서 봐온 수많은 협곡 중 가장 잘생긴 훈남 같았다. 이곳을 그냥 지나칠 수 없어 현장으로 출동했다. 호스슈 벤드 역시 정부에서 관리하는 공원은 아니다. 그래서인지 관광지 느낌이 전혀 없었다. 매우 황량한 사막 위에 임시 주차장 같은 곳

달랑 하나뿐이었다. 하지만 그 수려한 경관 덕분에 사람과 차는 몹시 많았다.

애리조나주는 어디를 가도 사막뿐인 듯했다. 날씨가 너무 뜨거웠다. 기온이 35도 이상은 족히 되는 듯했다. 가림막 하나 없는 주차장 위에서 뜨거운 햇볕을 받을 각오를 단단히 했다. 호스슈 벤드로 향하는 길은 약간 경사진 모래 언덕이었다. 해운대 해수욕장보다 고운 모래였는데 올라가려고 힘을 주면 발목이 모래 속으로 빨려 들어가고 말았다. 자연 그대로의 모습을 간직한 곳임은 분명했으나 관광객으로서 여간 곤란한 환경이 아니었다.

뜨거운 햇볕 아래서 5분가량 언덕을 올라갔다. 산등성이에 전망대 같은 쉼터가 보였다. 그 앞에 호스슈 벤드가 있을 것만 같았다. 쉼터에 여유롭게 앉아 멋진 협곡을 감상할 작정이었다. 목표 지점이 가까워지자 모래 속에 발이 푹푹 빠져도 힘이 났다. 아이들도 새로운 곳에 오니 호기심이 발동했는지 어른보다 잘 올라갔다.

꼭대기에 있는 쉼터에 도착했다. 눈앞에 펼쳐진 호스슈 벤드를 볼 수 있을 줄 알았건만 아니었다. 멀리 내리막길을 따라 족히 20, 30분은 더 가야 호스슈 벤드 앞까지 갈 수 있었다. 더군다나 내려가는 길은 그늘 한 점 없는 사막이었다. 아주 붉은 모래사막이라 달나라에 온 듯한 기분이 들 정도로 강렬한 사막길이었다. 그 모습을 본 순간 땅에 발이 붙은 것처럼 움직일 수 없었다.

눈앞에 펼쳐진 호스슈 벤드

멤버 모두가 당황한 채 서로를 바라보았다. 고심 끝에 아이들은 가지 않기로 했고 아이들을 돌볼 누나도 가지 않기로 결정했다. 이 작은 언덕 하나를 오르는 것도 너무 힘들었는데 아이들이 먼 길을 걸어가기란 무리였다. 아버지는 1번 선수처럼 터벅터벅 앞을 치고 나갔다. 매형과 나도 망설이다 아버지를 뒤따랐다.

사진에서 본 그대로 말굽 형상을 한 호스슈 벤드의 모습이 눈앞에 펼쳐졌다. 협곡 아래 낭떠러지도 아찔했다. 300미터 깊이는 된다고 어디선가 봤던 기억이 떠올랐다. 협곡 아래 강 위에 있는 뗏목이 작은 개미처럼 느껴졌다. 콜로라도강이 얼마나 오랫동안 침식을 일으켰을까 정말 신기할 뿐이었다.

난간 앞이 사람들로 북적였다. 주변을 둘러보니 삼각대로 사진을 찍는 사람을 비롯하여 광각 카메라, 초대형 카메라, 셀카봉, 스마트폰 등 온갖 종류의 촬영 장비가 눈에 띄었다. 이토록 크고 거대한 지형은 일반 카메라와 렌즈로는 모두 담을 수

호스슈 벤드 앞에서 직접 찍은 사진. 광각 렌즈 없이는 모두 담기 힘들 정도로 크다.

그 어떤 곳보다 뜨거웠던 호스슈 벤드. 절반쯤 내려가니 멀리 능선에 정자가 보였다.

없을 것만 같았다. 혹시 이곳에 다시 온다면 꼭 드론을 날려 사진을 찍고 싶었다.

참으로 장관이었지만 굳이 단점을 꼽자면 뷰포인트가 한정되어 요리조리 찍어도 비슷한 느낌이 든다는 것. 20분가량을 땡볕 아래 있었더니 몹시 힘들었다. 이미 엉망이 된 팔뚝에서 발진이 더욱 올라오는 듯도 하고, 차에서 기다리고 있을 아이들도 걱정되어 철수하기로 했다.

여행 엿새 차, 앤털로프 캐니언은 직접 보지 못했지만 글렌 캐니언 댐과 호스슈 벤드를 구경하고 나니 이 더운 땅에 더 이상 미련이 남지 않았다. 가져갔던 초광각 DSLR 카메라 렌즈가 빛을 발했으므로 기분 좋게 마무리한 뒤 그랜드 캐니언으로 향했다.

여행 내내 고마웠던 매형도 호스슈 벤드 앞에서 기념 촬영을 남겼다.

아들,
이렇게 거대한 곳은 처음이지?

– 서부 여행 1주 차의 대미, 그랜드 캐니언에서 아들과 함께

드디어 그랜드 캐니언을 보러 갈 시간이 다가왔다. 사람으로 태어난 이상 죽기 전에 꼭 가봐야 할 곳이 바로 그랜드 캐니언이라고 했던가. 사실 그랜드 캐니언 방문이 벌써 세 번째였다. 어릴 적 미국 생활 중에 처음 가보았고, 2007년 대학원 과정 중에 다시 찾았다. 아버지도 유학 생활 중이던 35년 전에 와보았다고. 매형, 누나, 조카들도 한 번씩 와보았다니 결국 여기를 처음 오는 주인공은 나의 아들뿐이었다.

그랜드 캐니언에는 동서남북으로 림(Rim, 가장자리)이 형성되어 있다. 관광지로 가장 잘 구성된 곳은 남쪽인 '사우스 림'인데 그곳은 '그랜드 캐니언 빌리지'라고도 불린다. 최근 안타깝게도 한국인 추락 사고가 났던 곳도 이 부근이다. 주요 공공시설과 인기 포인트가 대부분 이곳에 몰려 있다. 하지만 우리가

관통할 곳은 이스트 림이었다. 협곡 속으로 내려가서 콜로라도 강에 손을 담가보지는 못했지만, 이스트 림에서 볼 수 있는 주요 포인트 다섯 곳을 둘러보기로 했다.

- 나바호 포인트(Navajo Point): 해발 2,274미터. 그랜드 캐니언 사우스 림과 이스트 림에서 가장 높은 지점이다.
- 리판 포인트(Lipan Point): 콜로라도강 협곡이 눈에 보이는 포인트다.
- 그랜드뷰 포인트(Grandview Point): 이름 그대로 그랜드 캐니언을 한 눈에 담을 수 있는 포인트다.
- 야키 포인트(Yaki Point): 협곡의 전반적인 모습을 구경할 수 있다.

처음으로 그랜드 캐니언에 와본 것은 다섯 살 때였다. 당연히 기억도 감상도 전혀 남아 있지 않다. 하지만 스물아홉 살 때 와본 그랜드 캐니언의 노스 림은 경이로움 그 자체였고 언제든 다시 가고 싶은 곳이었다. 당시 사우스 림에서는 직접 그랜드 캐니언 속으로 걸어 들어가 트레킹하며 캐니언을 만져보기도 했다. 10년이 흘러 다시 만날 그랜드 캐니언은 어떤 모습일까 기대에 부풀었다.

오후 다섯 시경, 다소 어중간한 시간에 그랜드 캐니언에 도착했다. 해가 지는 그랜드 캐니언의 모습을 담는 것이 목표였으나 아직 해가 중천이었다. 아쉽게도 중간중간 구름이 앞

그랜드 캐니언 이스트 림 출입구에서 사진 한 장.

을 가려 멋진 사진은 기대할 수 없었다.

이스트 림은 숲이 우거져 있었다. 키 큰 나무가 솟아 있어 조용한 데다 공기도 맑았다. 이스트 림은 인지도가 다소 낮은 포인트지만 석양이나 일출 사진을 찍기 위해 찾는 사람이 제법 많다고 했다. 어쨌거나 웨스트 림을 제외한 그랜드 캐니언의 모든 구역을 다 가본다니 흥분되었다.

화가 토머스 모런은 이곳에서의 감동을 잊을 수 없어 남은 인생 대부분을 그랜드 캐니언에서 보냈단다. 하지만 우리는 시간에 쫓기는 한국인이었다. 또다시 두 시간 투어 전략을 발휘할 수밖에 없는 상황. 밤에 이동해야 할 숙소는 그랜드 캐니언에서 한 시간을 더 가야 하기 때문에 어쩔 수 없었다. 그래서 감히 단 두 시간 동안, 지구상에서 가장 위대한 자연물인 그랜드 캐니언을 건방지게 자동차로 둘러봐야 했다. 모런 옹께는 부끄럽지만 도리가 없었다.

동쪽 입구로 들어오면 어물쩍하는 사이에 '데저트 뷰'라는 곳을 지나게 된다. 하지만 이곳이 '그랜드 캐니언이구나'라는 생각이 들기 시작하는 곳은 나바호 포인트다. 해발 2,274미터로 그랜드 캐니언의 전망 포인트 중 가장 높은 곳에 위치해 있다. 콜로라도강 협곡이 잘 보이는 곳이기도 했다. 그랜드 캐니언의 동쪽 끝에 있어서 일몰을 구경하기에 좋은 지점이었다. 자동차로 바로 코앞까지 이동할 수 있는 것도 장점이었다. 우리 일행은 특별한 정보도 없이 주차 후 구경했는데 다시 봐도 그랜드 캐니언의 웅장함에 깜짝 놀랄 수밖에 없었다. 서울시 면적의 8배인 이곳. 보이는 낭떠러지 깊이는 가늠조차 되지 않아 정신을 차릴 수 없었다. 멀리 안개에 가린 그랜드 캐니언의 모습을 사진에 담기 바빴다. 보면 볼수록 멋진 곳이었다.

그랜드 캐니언을 여행하는 일

다음 포인트는 리판 포인트. 나바호 포인트에서 자동차로 3분 거리에 있었다. 리판 포인트에서는 그랜드 캐니언의 협곡이 이스트 림에서 사우스 림으로 연결되는 모습을 볼 수 있다고 했다. 하지만 날씨가 흐려 육안으로 확인할 수 없었다. 리판 포인트도 일몰 사진을 찍기에 훌륭한 위치라고 들었다. 하지만 이스트 림 초입부터 석양을 기다리며 시간을 버릴 수 없어서 다음 포인트로 이동했다. 이런 식으로 띄엄띄엄 그랜드 캐니언을 구경해도 되는 걸까 싶어 마음이 썩 불편했다.

앞서 말한 화가 토머스 모런은 1899년부터 1920년까지 매년 겨울에 이곳에 와서 그림을 그렸다. 모런 포인트는 그의 이름을 딴 곳이다. 해가 수평선 아래로 가라앉을 때 돌에 비쳐 만들어지는 이곳의 빛깔이 아름답다고 했다. 설명대로라면 누

나바호 포인트에서 콜로라도강을 바라보았다.

중앙에 방어막처럼 튀어나온 단층이 리판 포인트의 특징이다.

군가가 여생을 걸 만큼 멋진 곳이어야 했지만 흐린 날씨 때문이었을까. 다른 곳과 크게 다르지 않은 느낌이었고, 뭐랄까 조금 정리가 덜 된 느낌이라 기대 이하였다.

그랜드뷰 포인트는 해발 2,250미터 높이에 있는 전망대다. 원래 땅속으로 굽이굽이 파진 협곡이 그랜드 캐니언인줄 알았는데 한라산보다 더 높은 곳이라니 깜짝 놀랐다. 그랜드 캐니언에서는 마더 포인트 다음으로 관광객에게 인기 좋은 곳이 바로 그랜드뷰 포인트라고. 무엇보다 일몰을 구경하기에 가장 좋다고 했다. 하지만 이곳까지 둘러보자 눈에서 착시 현상이 일어나는 듯했다. 앞서 봤던 포인트와 큰 차이를 느끼지 못했던 것이다. 운전을 오래 해서 피곤이 몰려왔나 싶었다. 과감하게 2분 투어로 끝내버렸다.

숙소에 가려면 사우스 림 방향으로 가야 했다. 이번 여행의 마지막 국립공원이 될지도 모를 그랜드 캐니언의 기념 볼펜을 수집할 수 있다는 생각에 발걸음이 가벼웠다. 그런데 숙소보다도, 볼펜보다도 급한 일이 생겼다. 차량 뒷자리에 배앓이 환자가 발생한 것이다. 한시 바삐 화장실로 이동해야 했다.

10년 전 사우스 림 인근에서 과속으로 운전하다 경찰을 만나 딱지를 떼인 적 있었다. 당시 미국 공권력 앞에서 한없이 무너진 나는 175달러를 벌금으로 냈더랬다. 그 때문에 속도를 낼 수 없었다. 뒷자리에서는 배가 아프다고 아우성이고 액셀은 도저히 밟을 수가 없으니 죽을 맛이었다.

방문자 센터 주차장에 도착하자마자 배앓이 주인공은 화장실로 뛰어갔다. 나머지는 방문자 센터 쪽으로 향했으나, 맙소사 방문자 센터가 문을 닫았다. 이제껏 모은 국립공원 볼펜만 해도 다섯 종류. 이제 그 정점을 찍을 그랜드 캐니언의 볼펜을 구해야 하는데 상점이 문을 닫아버려 그냥 포기하는 수밖에 없었다.

적당히 여기저기를 둘러보고 나니 저녁 일곱 시경. 조금 더 머물며 석양을 감상하기에는 시간이 애매했다. 아직 해가 질 기미가 보이지 않았고, 숙소까지 한참을 이동해야 했다. 이대로 일몰을 기다렸다가는 체크인이 힘들어질 듯했다. 게다가 모두 쫄쫄 굶게 생긴 상황. 떠날 수밖에 없었다.

여행 중 머문 숙소 가운데 단연 최고라 말할 수 있는 곳이 우릴 기다리고 있었다. 첫날 라스베이거스에서의 호텔이 최고급이었다면 여기는 가장 신나는 숙소였다. 죽기 전에 꼭 가봐야 한다는 그랜드 캐니언 바로 앞마당에서의 캠핑이 우리를 기다리고 있었다. 캠핑은 나도 처음, 아들도 처음이었다.

그랜드뷰 포인트는 날씨 좋은 날에 석양과 일몰을 보기에 최고다.

모런 포인트. 화가 토머스 모런이 이곳에서 넋을 놓고 그림을 그렸다고 한다.

우리가 캠핑할 곳은 바로 'KOA(Kampground of America)'라는 캠핑 시설이었다. 1962년에 개장한 역사 깊은 캠핑 체인이다. 미국 여행을 꽤나 하거나 미국에서 살아본 사람이라면 KOA를 모르는 사람은 없다고 했다. 대부분 찾기 쉬운 고속도로 주변이나 관광지 근처에 있기 때문이다. 우리는 미국에 사는 누나네 덕에 현지인처럼 캠핑을 해볼 수 있었다.

KOA는 작은 통나무집에서 자도 되고, 캠핑 차량이나 텐트를 이용해도 되었다. 하지만 우리는 인원이 많아서 야영을 할 수 없었고 독채를 빌렸다. 물론 통나무 캐빈 같은 곳에서 고기를 구워 먹고, 별자리도 구경하는 모양새가 가장 아름다울 듯 싶었다. 하지만 엿새간 외박을 했더니 지칠 대로 지친 심신 덕에 나도 모르게 독채로 향하고 있었다.

이곳은 아이들을 위한 위락 시설이 많아서 매력적인 숙소였다. 자전거를 빌릴 수 있고, 놀이터와 수영장은 물론이고 탁구장, 당구장, 오락실, 암벽 등반 체험장도 있었다. 뛰어놀 곳이 문만 열면 펼쳐져 있으니 아이들에게는 최고의 숙소였다.

서부 여행의 마지막 숙소를 KOA로 잡은 것은 나름 신의 한 수였다. 아들 녀석은 캠핑을 한 번도 해보지 못한 도시 아이이므로 신나는 경험을 선물하고 싶었다.

그런데 숙소에는 예상보다 더 늦은 저녁 여덟 시경에 도착하고 말았다. 숙소의 모든 시설이 문을 닫은 시각이었다. 자전거도, 수영장도, 놀이터도 다 포기해야 했다. 체크인하고 우리가 묵을 숙소, '디럭스(deluxe, 고급스러운) 캐빈'으로 가서 짐을 풀었다. 헛웃음이 나왔다.

"대체 어디가 고급스럽다는 거지?"

그래도 시설은 깔끔한 편이었다. 주방이 넉넉했고 2층 방에 2층 침대도 있에 아이들이 좋아했다. 화장실도 깨끗했다. 늦게

우리가 묵던 KOA 캠핑장은 아이들에게 최고의 숙소였다.

와서 야외 활동은 할 수 없었지만 숙소의 자랑거리 중 하나인 보석 캐기 놀이만으로도 아이들의 욕구를 해소시킬 수 있었다.

시간이 늦어 장을 볼 수도, 식당을 찾을 수도 없었다. 저녁 식사는 어제 남겨온 재료를 모두 모아 요리하는 수밖에 없었다. 힘들 법도 한데 그 늦은 시간에 요리해주는 가족에게 감사할 따름이었다. 맛있게 저녁을 먹고 맥주 한 잔씩 하고 나니 아이들은 놀러 나가고 없었다. 숙소 사무실 건물에 마련된 오락실에서 노느라 아들 녀석은 아주 신이 났다.

그렇게 남서부 여행의 마지막 날 밤이 깊어가고 있었다. 모두가 몹시 지쳐 보였다. 별을 보러 가자거나 야간 행군을 하자는 제안도 없었다. 길다면 길고 짧다면 짧은 여행이 끝나서였을까. 다소 허무했다. 뜨거웠던 미국 남서부 여행 중 겪은 일이 주마등처럼 스쳤다. 조금 더 여유 있게 일정을 짰다면 더 즐거웠을까. 뜻밖에 멋진 곳을 보며 함성을 지른 곳도 자꾸만 떠올랐다. 햇빛 알레르기 때문에 누더기처럼 변해버린 팔을 보며 건강하게 여행 다니는 일이 꽤나 어려운 일임을 새삼 느꼈다.

Tips & TMI #5

미국의 거대한 자연

'거대하다', '광활하다'는 말로도 부족한 미국의 대자연은 누구든지 죽기 전 꼭 한 번 경험해보면 좋겠다는 생각이다. 직접 본다면 '그랜드(Grand)'의 참뜻을 알게 될 것이다.

1. 미국 국토의 거대함

미국 국토 면적은 983만 제곱킬로미터, 감이 잘 안 온다. 면적이 8.4제곱킬로미터라는 여의도와 비교해볼까. 차로 돌면 20분이 걸리는 여의도가 117만 개가 있어야 미국 땅과 견줄 수 있는 것이다. 117만 개 또한 감이 잘 오지 않는다. 조금 더 현실적인 비교를 해볼까? 1천만 명의 시민이 살고 있는 서울시가 무려 16,240개가 있어야 미국 땅 크기가 된다.

미국은 국토가 넓은 까닭에 보유한 공항 개수도 압도적인 세계 1위라고 한다. 지구상에서 두 번째로 공항이 많은 나라는 2,285개를 보유한 브라질. 1위인 미국은 무려 19,599개나 된다(2016년 스카이벡터 기준).

참고로 중국의 국토 면적은 미국과 비슷한 960만 제곱킬로미터인데, 인구가 14억 명이니 1제곱킬로미터당 144명이 살고 있다는 말이 된다. 유사한 크기인 미국 땅에도 많은 수의 사람이 살고 있을 것 같은데 미국 인구는 약 3.2억 명 수준이다. 중국의 5분의 1 정도다. 즉, 미국은 1제곱킬로미터당 33명밖에 살고 있지 않을 정도로 아주 쾌적한 곳이다.

2. 미국 국립공원의 거대함

2018년 7월 기준 미국의 국립공원은 총 59개다. 익히 알려진 그랜드 캐니언은 물론이고, 미국 최초의 국립공원인 옐로스톤 국립공원도 포함되어 있다. 그랜드 캐니언을 가보면 그 크기에 경외심을 갖게 된다. 여타의 미국 국립공원은 도대체 얼마나 큰 크기를 자랑할까.

미국 국립공원 관리청에서 발간한 자료 기준으로 주요 국립공원의 면적을 순서대로 나열하면, 상위 10위의 공원 크기 합은 157,658제곱킬로미터라고 한다. 15만 7천은 얼마나 큰 수치일까. 면적이 605제곱킬로미터인 서울시와 비교하면 261배 크기다. 조금 더 현실적인 숫자를 비교하면 남한의 면적이 100,188제곱킬로미터이니 대한민국보다도 미국 상위 10위 공원의 면적이 넓다. 맑은 호수가 있고, 사슴과 곰이 뛰어놀며, 청명한 공기가 흐르는 대자연의 면적이 우리나라보다 크다는 것이다.

직접 본 뒤 그 크기에 압도되었던 그랜드 캐니언도 상위 10위 국립공원에 끼지 못한 11위다. 가장 큰 공원으로 기록된 랭겔 세인트 엘리아스 국립공원은 서울시가 56개 있어야 하는 규모다. 참고로 상위 10위 국립공원 중 일곱 개는 알래스카에 있다.

순위	국립공원	면적(㎢)	서울시 대비
1	랭겔 세인트 엘리아스, 알래스카	53,320	88.1배
2	게이츠 오브 더 아크틱, 알래스카	34,287	56.7배
3	디날리, 알래스카	19,186	31.7배
4	카트마이, 알래스카	14,870	24.6배
5	데스 밸리, 캘리포니아-네바다	13,650	22.6배
6	글레이셔 베이, 알래스카	13,045	21.6배
7	레이크 클라크, 알래스카	10,602	17.5배
8	옐로스톤, 와이오밍-몬태나-아이다호	8,983	14.8배
9	코북 밸리, 알래스카	7,085	11.7배
10	에버글레이즈, 플로리다	6,107	10.1배
11	그랜드 캐니언, 애리조나	4,863	8.0배

3. 장대한 해변

미국 서부에는 매우 직관적인 이름을 가진 해변이 있다. '롱비치(Long Beach)'라는 곳이다. 미국에서 가장 긴 해변이라는 설도 있었지만 '자동차가 들어갈 수 있는 최장의 해변'이라는 설명이 가장 정확하다. 미국 내 최장 해변 타이틀을 거머쥐지 못했더라도 해변 길이가 무려 45킬로미터나 된다. 김포 공항 근처 신행주대교 남단 개화 IC에서 출발한 자동차가 올림픽대로를 타고 강동대교 강일 IC까지 쉬지 않고 달리면 43킬로미터로 측정된다. 해안 길이가 45킬로미터라니 숨막힐 만큼 길다.

미국에서 가장 긴 해변은 무려 182킬로미터의 길이를 자랑하는 텍사스의 파드레 아일랜드 비치다. 서울시의 경부고속도로 시작 지점인 한남 IC에서 대전광역시에 진입하는 유성 JC까지의 거리가 150킬로미터다. 실로 어마어마한 해변이 아닐 수 없다.

미국 서부 여행 1주 차 대미는 그랜드 캐니언에서 장식했다.

5장.

아버지와 단둘이 태평양으로

서둘러,
일단 출발해

- 시애틀을 떠나 무작정 남쪽으로 향하며

서울을 떠나온 지 열흘 하고도 하루가 더 지난 날이었다. 한국으로 돌아가기까지 나흘밖에 남지 않았다. 미국에 도착했던 다음 날부터 남서부 여행을 시작했고, 시차가 적응되지 않은 채 일주일간 여행했다. 하루 빨리 시애틀로 돌아와서 쉬고 싶었다. 바람대로 푹 쉬었지만 사흘을 연속으로 넋 놓고 있으니 삼대가 떠난 미국 서부 여행을 이렇게 끝낼 순 없겠다는 생각이 들었다.

"다시 떠나야겠어."

아주 약간만이라도 좋으니 더 움직여야겠다는 생각이 드는 날이었다. 미국에 오기 전 한국에서 설계한 여행 계획대로라면, 지금쯤 우리는 미국 북서부 지역인 오리건 인근에 가 있어야 했다. 이렇게 시애틀에만 머물다 갈 수 없었다. 떠나야만

했다.

일단 출발하기로 결정했지만 목적지도 숙소도 정하지 않은 말 그대로 '백지(白紙) 여행'이었다. 시애틀에서 남하하는 선택만 주어졌다. 며칠간 고생한 매형과 누나, 아이들을 제외하고 아버지와 나 단둘이 여행을 떠나기로 했다.

서둘러 길을 나섰다. 애들이 없으니 괜스레 신이 났다. 아버지와 단둘이 여행한 적이 있던가. 기억이 안 났다. 결혼 후 제주도로 가족 여행을 떠난 적 있으나 아버지와 단둘이 하는 여행은 2002년 지리산 천왕봉에 갔다가 탈진했던 여행 이후 처음이지 싶었다. 그때 내 나이 스물셋이었으니 벌써 17년 전.

우리와 함께 떠날 차는 시애틀로 돌아와 다시 빌린 튼튼한 사륜구동 SUV 차량이었다. 힘이 넘쳐 보였지만 시끄럽고 무거운 차였다. 무작정 남쪽 오리건주로 향했다. 오리건은 시애틀이 있는 워싱턴주 바로 아래에 있다. 어릴 적에 오리건에서 산 적 있어 익숙한 곳이었다. 무엇보다 오리건은 태평양을 바라보고 있는 매력적인 장소다. 1800년대 후반 '루이스'와 '클라크'라는 서부 개척자가 오리건주에서 태평양을 마주하며 "아, 여기가 끝이구나"를 외친 곳이기도 하다.

우리의 백지 여행은 전적으로 구글 지도 내비게이션에 달려 있었다. 가는 길에 인터넷이 안 되면 어쩌나 걱정이 되었다. 낯선 초행길로 아버지와 나는 차를 몰고 떠났다.

1차 목적지는 포틀랜드였다. 오리건주에서 가장 큰 도시이며 시애틀에서 세 시간이면 충분히 도착하는 곳. 이대로 로드트립만 할 수는 없으므로 차 안에서 포틀랜드 이후 행선지에 대한 밑그림을 그려야 했다. 2주 차 여행을 위해 한국에서 공부했던 지식과 아버지의 전문가 역량을 빌려 백지 여행의 좌표 네 곳을 결정했다.

① 포틀랜드

② 캐넌 비치

③ 101번 해안 도로

④ 올림픽 국립공원

출발한 후 30분가량이 지났다. 이미 시내를 한참 벗어난 지점에서 지갑을 들고 오지 않았다는 걸 깨달았다. 여권과 국제면허증도 같이 들어 있는 포켓용 가방을 통째로 놓고 와버린 것이었다. 동행자인 아버지의 소지품은 다행히 모두 챙겼지만 왠지 불안해졌다.

도착하니 점심 시간. 끼니는 포틀랜드 한인 마트 옆 초밥집에서 해결하기로 했다. 그 자리에서 즉흥적으로 결정한 식당이었다. 두 남자는 아무 고민 없이 식당으로 이끌리듯 들어갔다. 넓은 홀 형태의 식당이었다. 나이 지긋한 동양인 한 명과 펑퍼

짐한 사내 한 명이 동시에 문을 박차고 들어와 앉으니 사람들의 시선이 한순간에 쏠렸다. 하지만 시선 따위 시원하게 무시했다. 그러고서 오랜만에 제대로 된 동양 음식을 즐겼다.

숲을 지나 바다를 만나다

마트에 식량을 구비하러 갔다. 미국 포틀랜드에서 한인 마트를 만나다니 매우 반가웠다. 물과 라면을 장바구니에 담고 맥주도 한가득 샀다. 그리고 드디어 팔 토시를 구했다. 지난 주 여행 때 겪은 고통을 떠올리며 묻지도 따지지도 않고 장바구니에 담았다.

우리의 중간 목적지는 '캐넌 비치'라는 곳이었다. 내비게이션은 캐넌 비치까지 26번 국도를 타고 1시간 30분이면 도착한다고 안내했다. 우리의 진짜 목적은 캐넌 비치라기보다 캐넌 비치로 향하는 길을 구경하는 것이었다. 그래서 내비게이션이 추천하는 국도 대신 지도상 왼쪽에 듬성듬성하게 보이는 숲속에 들어가기로 했다. '틸라무크 국유림'이라는 곳이었다. 덕분에 이동 시간이 한 시간 더 추가됐다. 어차피 예약한 숙소도 없으므로 상관없었다. 시간이 조금 지체되더라도 아무 데서나 자면 그만이었다. 꼭 캐넌 비치까지 가지 않아도 좋았다. 이런 게 백지 여행의 묘미 아니겠는가.

한 시간여를 달렸다. 운전자인 아버지와 조수인 나 모두가 지루해졌다. 그때쯤 숲속으로 진입했다. 틸라무크 국유림의 시작점인 듯했다. 공원에서 꼭 봐야 할 곳이 어디고, 공원의 특색이 무엇인지도 모른 채 계속 직진했다. 얼마쯤 달렸을까. 스마트폰 바탕 화면으로 쓰면 딱 좋을 멋진 숲속 길이 나타났다. 주저하지 않고 차를 세웠다. 차에서 내려 잠시 시간을 보내려고 하는데 아버지가 다급하게 소리를 쳤다.

"야야, 뱀 뱀, 거기 뱀이다!"

천만다행일까. 뱀을 봤다면 기겁했을 텐데 내 다리 사이로 쉬익 지나가는 뱀을 보진 못했다.

이후 틸라무크 숲을 벗어날 때까지 내가 운전했다. 지갑을 안 챙긴 까닭에 면허 미소지자이긴 했으나 무면허자는 아니지 않은가. 그래도 혹시 경찰을 만났다면 무슨 일이 벌어졌을지 아찔했다. 외국인이 면허증도 없고 여권까지 없으니 그대로 감옥에 구금되어 서울로 돌아가기 힘든 상황이 벌어졌을 것이다. 덜컥 겁이 난 나는 시내로 나오자마자 조수석으로 돌아갔다.

잠깐 화장실에 들를 겸 숲을 벗어나 시내로 들어왔다. '틸라무크 스포츠 상점'이라는 가게가 눈에 띄었다. 미국 서부 시골 마을에 스포츠 상점은 어떨까. 기대에 부풀어 매장에 들어섰다. 마침 15년 만에 다시 테니스에 빠져 있던 터라 호기심이

틸라무크. 키 큰 나무 숲속에 아무도 없던 멋진 공원이다.

켰다. 테니스는 본래 유럽이 본고장이긴 하지만 미국 또한 세계 최고의 환경이 아니던가. 괜찮은 라켓이 있으면 기념으로 하나 사서 귀국할까 싶었는데 이게 웬걸! 온통 캠핑, 낚시, 서핑 장비뿐이었다. 씁쓸하게 입맛을 다시는데 매장에 진열된 총이 보였다. 스포츠 상점에서 총기도 판매하고 있던 것이다. 때마침 매장에는 중학생쯤으로 되어 보이는 현지 아이들이 바글거리고 있었다. 나도 모르게 위축이 되었다. 저 아이들이 갑자기 총을 집어 총싸움을 하는 건 아닐까 두려웠다. 겁 없는 10대의 먹잇감이 되지 않으려면 어서 도망가는 수밖에 없을 것 같아 발길을 돌렸다.

스포츠 상점을 도망 나와 한 시간여를 달렸을까. '베이시티'라는 곳을 지나는데 갑자기 바다가 나타났다. 나도 모르게 소리를 질렀다.

"오. 여기가 드디어 태평양인가 봐요!"

바다를 보니 기분이 새로웠다. 넋을 잃고 창밖을 내다보며 일단 정차했다. 맑은 하늘 아래 인적 드문 도로, 넓은 바다까지. 멈춰 서지 않을 수 없었다. 아버지는 가벼운 표정으로 여기저기 사진을 찍었다. 나도 차에서 내려 몇 컷 남겼다. 정말 아름다운 날씨였다. 7월이 맞나 싶을 만큼 덥지 않고 청량감이 넘쳤다. 드넓은 태평양과 조우하니 속이 뻥 뚫리는 것 같았다. 깨끗한 공기, 시원한 바람 덕분에 한국에서부터 지고 온 피로가 모두 풀리는 느낌이었다.

먼 곳을 달려 태평양이 보이는 곳까지 오고야 말았다. 아버지와 단둘이 떠난 백지 여행은 101번 도로, 죽기 전에 꼭 가봐야 한다는 오리건 코스트에서 무르익었다.

태평양 앞에서 스웩(SWAG)

- 태평양 해안 101번 도로를 따라서

바다를 보니 에너지가 충전되는 듯했다. 그 힘 덕분에 차를 몰고 계속 전진했다. 차는 언덕 방향을 오르고 있었다. 절벽이 하나둘씩 나타났고 해안가도 보였다.

지도를 보니 '가리발디'라는 동네였다. '전망대' 간판이 눈에 들어와서 무작정 차를 세웠다. 태평앙을 코앞에 두고 만나는 첫 전망대였다. 하지만 나무에 가려 망망대해를 구경하기 힘들었다. 쉽게 태평양을 만나려 하지 말라는 의미가 아닐까 싶었다.

절벽에 서 있는 한 백발 노인이 눈에 띄었다. 너무나 외로운 뒷모습을 하고서 미동도 하지 않은 채 먼 바다를 넋을 놓고 보고 있었다. 그의 표정은 그리움과 외로움으로 가득했다. 멀리 바다를 보며 떠나간 가족 생각에 젖은 건 아니었을까. 불현듯 함께 왔어야 할 엄마 얼굴이 스쳤다. 여행 분위기가 한참 고조되는 시점에서 기분을 망치고 싶지 않았기에 다음 목적지로 가자며 아버지를 재촉했다.

외로워 보이던 노인을 홀로 남겨두고 다시 이동했다. 아직 태평양 백사장 모래는 밟아보지 못한 터라 바닷가 방향으로 차를 꺾었다. 백사장을 가로막고 있는 숙박 시설 때문에 해변 출

한 노인이 가리발디 전망대에서 외롭게 바다를 바라보았다.

입구를 힘들게 찾았다. 바닷가의 이름은 '로커웨이 비치'였다. 한적하고 평범해 보였으나 태평양 연안이라는 점에서 묘한 느낌을 선사하는 곳이었다. 바다 위에 펼쳐진 긴 구름과 그다지 덥지 않은 맑은 날씨 덕분에 충분히 멋진 해변으로 보였다.

아버지는 삼각대를 들고 피사체를 찾아 탐험에 나섰다. 나는 차를 임시로 정차해둔 터라 멀리 가지 못하고 멀어져가는 아버지와 해안가 사진만 연신 담았다.

그래도 나오길 잘했어

다시 자동차로 30여 분을 달렸다. 작은 마을이 나타났다. '휠러'라는 마을이었다. 멋진 곳이 보이면 우리는 주저하지 않고 정차했다. 입구 부근에는 아주 작은 공원인 워터프론트 공원이 있었고 작은 마을의 선착장이 보였다. 아버지와 나는 별 기대도 없이 차에서 내렸다. 멀리 보이는 산등성이에 긴 구름이 넘어가고 있었다. 감탄을 자아내는 광경이었다. 근처에서 요트를 끌어올리는 모습도 이곳과 참 잘 어울렸다.

독특하게도 선착장 앞에는 벤치 하나가 놓여 있었다. 자세히 보니 누군가의 무덤이었다. 바닷가에 고인을 묻은 뒤 낮고 평평한 묘를 설치하여 그 위에 벤치를 둔 것이었다. 1942년부터

우리가 첫 번째로 밟은 태평양의 백사장은 시원한 바람이 부는 로커웨이 비치였다.

2015년까지 산 '제임스 씨'의 무덤이었다. 자신의 무덤 벤치에 앉아 쉬었다 가라는 의미가 매우 인상적이었다. '오, 아거들 왔구나'라는 비문을 선택한 엄마의 무덤이 오버랩되면서 다시 울적해졌다.

휠러를 떠나 주유소에 들르기 위해 '네헤일럼'이라는 마을로 갔다. 지도를 보니 근처에 '네헤일럼 베이 주립공원'이 있었다. 인근 주유소에서 주유 후 곧바로 공원으로 향했다.

하지만 주립공원으로 가는 길은 매우 험난했고 멀리 돌아가야 했다. 그래서 그냥 직진해버렸다. 그랬더니 의외로 멋지고 작은 마을이 나타났다. 집들이 줄지어 자리를 잡고 있었다. 푸른 바다를 마주한 마당에서 풀을 깎는 집주인이 평화로워 보였다. 특히 마을 앞 작은 해변은 '이곳은 미국의 서쪽 해안입니다'를 증명이라도 하듯 썰물이 들락날락한 흔적이 남아 있었다. 바다에서 밀려온 죽은 나무들이 늪에 펼쳐져 있었다. 의외의 피사체에 마음이 흔들려 아버지도 나도 말없이 사진만 찍었다.

한 시간이면 캐넌 비치에 당도하는 거리에 와 있었다. 그러나 아직 해가 지지 않은 캐넌 비치에 미리 갈 필요가 없었다. 우리는 언덕길을 타고 오르기 시작했다. 그러자 태평양이 초광각으로 눈에 들어오는 환상적인 위치에 도착했다. '오즈월드 웨스트 주립공원'이라는 곳이었다. 당연히 차를 멈춰 세우고 사진을 찍을 수밖에 없었다.

어느덧 다섯 시가 되었다. 캐넌 비치까지 가려면 조금 더 북쪽으로 올라가야 했다. 캐넌 비치의 석양은 꼭 봐야 한다는 말이 있어서 서둘렀다. 여기까지 오면서 총 아홉 군데에 정차해 시간을 보내고 사진을 찍었다. 그 대미를 장식할 열 번째 장소는 특별히 더 멋지지 않을까 기대되었다. 짧게나마 태평양을 벗 삼아 101번 도로를 달리니 아버지와 나오길 참 잘했다 싶었다.

워터프론트 공원 앞 누군가의 무덤 위에 놓인 벤치에는 '제임스 씨를 기리며'라고 쓰여 있다.

오즈월드 웨스트 주립공원에서 바라본 태평양이 평화롭다.

바닷가에 대포가 둥둥

– 오리건 코스트의 아이콘, 캐넌 비치에서

드디어 캐넌 비치에 도착했다. 사위는 점점 어둑해져서 여섯 시가 다 되었다. 캐넌 비치는 미국 북서부 포틀랜드와 시애틀 사이에 있다. 시애틀에서는 세 시간 하고도 30분여 거리에 있고, 포틀랜드에서는 한 시간 반 거리에 있는 백사장이다.

캐넌은 대포라는 뜻이다. 해안 이름에 왜 '대포'가 붙었을까. 원래 지명은 이 지역 인디언인 틸라무크족이 부르던 '에콜라'라고 한다. 그런데 오래전 미 해군 난파선에서 해안가로 대포가 떠내려오면서 이름이 캐넌 비치로 바뀌었다고 한다.

이곳은 사진가와 예술가들의 명소다. 해안가 뒤편에 있는 작은 마을에는 아트숍, 사진 갤러리, 골동품 가게가 많다. 작은 규모의 아주 소박한 마을이며 도로도 2차선이다. 이 동네는 바닷가의 낙조가 일품이라 해 질 무렵 삼각대를 들고 사진을 찍는 작가가 많다. 물속에서 인생 사진을 찍는 아낙네도, 해안가를 산책하는 커플도 쉽게 볼 수 있다. 특히 캐넌 비치로 여행 오는 가장 대표적인 이유라고 해도 과분하지 않을 곳이 있다. 그곳은 바로 바닷속에서 불쑥 튀어나와 있는 돌, 이름하여 '헤이스택 바위'다. 이 바위는 바다에 잠긴 전 세계 바위 가운데 그 높이가 세 번째로 높단다. 약 70미터 높이인데 직접 보니 생각보다 훨씬 거대했다. 수백 마리의 새들이 이 바위를 놀이동산 삼아 놀고 있었고, 썰물 때는 직접 바위 앞까지 갈 수 있었다.

백사장의 출입구를 통해 들어가니 작은 출입구 크기와는 다르게 아주 넓은 모래밭이 펼쳐져 있었다. 이렇게 큰 백사장은 처음 보는 듯했다. 우리를 반기는 바람과 함께 인적 드문 바닷가로 천천히 다가갔다.

해안가를 따라 걷는 사람들의 모습은 잔잔하고 아름다웠다. 나이가 제법 있어 보이던 커플이 조용히 해안가를 따라 걷고 있었다. 5년 전 아버지와 어머니도 저들처럼 함께 왔던 캐넌 해안가. 그때 두 분도 저런 그림을 그리지 않았을까. 나는 처음 와보는 곳이었만 아버지는 익숙한 듯 사진 찍을 위치를 찾아 성큼성큼 이동했다.

시간이 제법 되었다. 저녁 일곱 시쯤 된 듯했는데, 아직 해가 지지 않았다. 어느 위치에서 가장 멋진 일몰을 볼 수 있을까 고민하면서 계속 바위 근처로 걸어갔다. 힘들게 바위 뒤편에 도착했다. 해가 바위에 가리면서 멋진 모습이 연출되긴 했으나 그늘이 워낙 깊어 몹시 추웠다.

기다리면 얻게 되는 것

어느 한 지점에 삼각대를 장착한 사진사들이 모여 자리를 잡고 있었다. 진정한 촬영 스폿을 찾은 듯했다. 그런데 기온이 뚝 떨어져 몹시 추웠다. 거의 늦가을 수준의 추위라 일몰을 기다리는 다른 사진사들도 모두 발을 동동 구르고 있었다.

오늘은 작정하고 사진작가 행세를 하겠다는 마음가짐이었다. 스마트폰은 물론 카메라도 손에 쥐고 있었다. 훗날 아쉽지 않도록 메모리 카드를 가득 채워볼 작정이었다. 왠지 멋진 석양 사진을 찍을 것만 같은 분위기였다. 수동 촬영, 자동 촬영, 스마트폰 촬영 등 해볼 수 있는 모든 기능을 다 동원했다. 피사체는 억지로 포착하는 것이 아니라 포착할 수 있는 피사체가 나타날 때까지 기다리는 것이 사진사의 몫이라고 했던가. 춥지만 멋진 사진을 위해 기다려야 했다.

해는 수평선에 거의 닿아가고 있었다. 물속에서 뛰놀던 인파도 거의 사라지고 없었다. 삼각대를 든 사진사들은 좀 더 적극적으로 자리를 잡고 연신 셔터를 눌렀다. 언제 또 이 해변을 찾겠나 싶어 나도 사진을 열심히 찍었다. 그런데 해가 수평선에 거의 닿을 무렵 아버지가 소리쳤다.

"배터리가 없네. 딱 한 장 정도만 찍을 수 있겠는데."

이게 무슨 운명의 장난인가. 아버지의 표정에 아쉬움이 가득했다. 어차피 나는 충분히 사진을 찍었고 막상 찍어도 큰 작품을 건질 자신도 없어 과감한 선택을 했다.

"차에 가서 배터리 가져올게요. 가방에 있죠?"

자동차까지 한참을 걸었다. 우리가 이렇게 많이 걸어 들어왔나 싶었다. 뛰려고 해도 종아리 근육이 터질 것만 같아서 뛸 수 없었다. 우리가 들어왔던 입구 방향으로 무작정 전진했는데 도무지 속도가 나질 않았다. 해는 점점 사라지고 있었다. 스마트폰으로 수평선에 거의 맞닿은 석양의 모습을 연신 찍느라 배터리는 잊은 채 멈춰 서 있었다. 얼마나 먼 길을 걸어왔길래 벌써 해가 지는 걸까 괜히 야속했다.

기다리고 있는 아버지 생각에 마냥 눌러앉아 사진을 찍을 수 없었다. 안타깝게도 캐넌 비치의 석양을 온전히 보지 못한 채 해는 수평선 너머로 숨어버리고 말았다. 해안가를 실미도 요원처럼 달렸는데도 출구까지 이동하지 못했다.

저녁 아홉 시가 가까워졌고 이 작은 마을은 금세 어두워져 버렸다. 소문으로만 듣던 캐넌 비치에 와서 석양 비슷한 사진 몇 장 남긴 것으로 우리의 임무는 완료되었다.

하루를 이쯤에서 마무리해야 했다. 하지만 숙소 문제가 남아 있었다. 이 야밤에, 빈 숙소가 있을까.

헤이스택 바위 위로 석양이 지기 시작했다.

으악,
방이 없다니

– 태평양 바닷가에서 숙소 찾아 삼만 리

호기롭게 떠난 백지 여행이었지만 자유를 택한 만큼 책임져야 할 일도 컸다. 당장 밤을 보낼 숙소를 찾아야 했다. 바람이 차가워지고 도시에 불빛이 하나둘씩 사라지는 듯했다. 본격적으로 숙소를 찾아 나섰다. 첫 목적지는 캐넌 비치 뒤편에 있는 마을이었다. 세계적으로 유명한 관광지인데 설마 빈 방이 단 하나도 없을까 싶었다. 차를 타고 동네를 둘러봤는데 어디가 호텔이고 어디가 상점인지 분간이 가지 않았다. 다행히 간판에 '빈 방 있음(Vacancy)' 또는 '빈 방 없음(No Vacancy)'이라고 표기해둔 곳이 많았다. 문제는 '빈 방 없음'이 눈에 더 많이 띈다는 점이었다. 설마 하며 계속 호텔을 찾았지만 한참을 빈 방을 찾아 거리를 방황해야 했다.

힘들게 돌아다닌 끝에 빈 방이 있는 숙소를 찾았다. 차를 안전한 위치에 주차하고 사무실로 향했다. 그런데 분위기가 너무 무거웠다. 숙소로 추정되는 건물 창문 사이로 밝은 빛이 새어나왔고 사람들의 대화 소리가 들렸지만, 사무실 건물의 창문은 어두웠다. 인기척이 없었다. 벨을 눌러보고 문을 두드려도 대답이 없었다.

"화장실 갔나 보다. 조금 더 기다려보자."

그러나 한참을 기다려도 직원은 나타나지 않았다. 무언가 잘못되었구나 싶어 여기저기 둘러보는데 작은 팻말이 보였다.

'운영 시간 09:00-20:00.'

이미 밤 아홉 시를 훌쩍 넘긴 시각. 사무실이 문을 닫아버린 것이었다. 하는 수 없이 다른 숙소를 찾아 떠나야 했다. 빈 숙소를 하나 더 찾았으나 이번에는 사무실로 보이는 곳마저 없는 호텔이었다. 아무리 찾아봐도 101호부터 205호까지 객실밖에 없었다. 주변을 계속 돌고 돌아 주인장을 찾았지만 그림자도 없었다. 이 호텔도 포기하고 다시 숙소를 찾아 나섰다.

다음번에도 어렵사리 작은 호텔을 찾았으나 직원은 없고 사무실로 찾아오라는 안내뿐이었다.

안 되겠다 싶어 기준을 바꾸었다. 더 고급스러운 대형 호텔로 가본 것이다. 하지만 큰 호텔에는 빈 방이 있을 거란 생각은 완전한 착각이었다. 그간 들른 숙소와 다른 점이 있다면 그저 '빈 방 없음'의 간판 크기만 더 크다는 것. 오후 해안가에 사람이 그리 많지 않았는데 도대체 누가 투숙하고 있을지 궁금할 정도였다.

거의 체념해버렸다. 마지막으로 한 번만 더 찾아보자며 큰길가로 나섰다. 어둠을 헤치며 잘 보이지도 않는 간판을 찾아 헤맨 지 한 시간. 빈 방 표시가 붙은 1층짜리 호텔을 힘들게 찾았지만, 그곳 또한 사무실이 다른 곳에 있다는 안내문뿐이었다. 빈 방 있음에서 빈 방 없음으로 팻말을 뒤집어놓는 걸 깜빡한 게 아닐까. 어찌해야 하나 싶어서 "그냥 차에서 잘까요?"라며 태연한 척 아버지에게 제안했다. 역시 아버지는 내공이 달랐다.

"다른 도시로 가보자."

내가 다른 도시로 가자고 먼저 제안했다면 아버지는 차에서 자자고 했으려나. 어쨌든 70세를 바라보는 아버지의 탐험 능력과 대범함은 확실히 나를 앞섰다. 숙소 없이 떠난 나름 낭만적인 여행이었지만 머물 곳이 없으니 약간 짜증이 나긴 했다. 아버지와 함께 이토록 막막한 여행을 수없이 다녔을 엄마가 떠올랐다. 여행하자는 이야기를 나눌 때마다 "잠은 호텔에서 자자"라고 입버릇처럼 이야기하던 엄마. 아버지와 예측 불가능한 여행을 하며 고생했을 엄마 생각에 살짝 울적해졌다.

칠흑 같은 어둠 속으로 차를 몰았다. 불빛이라고는 하늘의 별빛뿐. 어둠으로부터 도망치듯 10분여를 달려봐도 공장, 술집, 문 닫은 음식점만 눈에 들어왔다. 이러다 서부의 총잡이가 나타나 차를 가로막고 총이라도 쏘면 어쩌나 싶었다. 이국 시골 길바닥에서 세상과 작별을 고해야 하는 건 아닌가 온갖 잡생각이 들었다.

가도 가도 어둑한 풀숲의 2차선 도로만 이어졌다. 이제 눈에 띄는 숙소는 무조건 들어가보는 수밖에 없었다. 숙소의 질을 따질 상황이 아니었다. 작은 간판 하나가 눈앞에 나타났다.

'시사이드'라는 도시를 알리는 간판이었다. 시골 마을 같았지만 어쨌든 도시라니 뭐라도 있겠거니 싶었다. 때마침 도시의 초입 오른쪽에 밝게 빛나는 간판이 하나 보였다.

"응? 퀄리티 인 호텔?"

"아버지! 저기요. 호텔이에요. 들어가보시죠."

이것은 신의 장난인 걸까. 퀄리티를 포기하기로 마음먹은 순간, '퀄리티'라는 이름의 호텔이 나타나다니! 기쁜 마음에 급히 우회전해서 주차장에 들어갔다. 호텔은 제법 컸다. 3, 4층 규모였다. 하지만 빈 방이 남아 있을까 싶었다.

차에서 내려 숙소가 남아 있는지 확인하려는데 갑자기 전화가 울렸다. 시애틀에서 걸려온 매형의 영상 통화였다. 과연

방을 잡을 수 있을 것인가 싶어 불안과 짜증이 솟구친 상황이었지만 일단 전화를 받았다. 화면 속에 등장한 건 아들이었다.

"여보세요. 어? 아들. 왜 울어?"

"아빠, 어디야. 왜 안 와. 엉엉엉."

아들 녀석이 울면서 얼굴을 전화기에 파묻었다. 가슴이 철렁 내려앉았다. 일주일간 고모, 고모부, 사촌 형들과 익숙해졌더라도 아빠 없이 혼자 자는 상황이 얼마나 무서웠을까. 울음을 그칠 줄 모르는 아들 녀석을 보니 마음이 먹먹해져 아무것도 할 수 없었다.

'아빠도 지금 엉망진창이야'라는 말이 튀어나올 뻔했다. 머나먼 타지에서 아빠도 엄마도 없이 자려니 불안하고 무서울 아들에게 미안했다. 어떻게든 달래주는 수밖에 없었다.

숙소, 너를 찾아 얼마나 헤맸던가.

"아빠 내일 갈게. 오늘은 형아들이랑 자. 고모부랑 고모도 옆에 있으니까 걱정 말고."

애써 아이를 달랬다. 아들 녀석이 좋아하는 캐릭터가 나오는 영상을 한 편 보여달라고 매형에게 말한 뒤 전화를 끊었다. 아이에게 해줄 수 있는 게 그것뿐이라 마음이 아팠다.

나는 무엇을 위해 지금 이곳에 있나 하는 생각이 들어 허탈했다. 아들 녀석의 울음소리가 귓가에 맴맴 울리는 듯했다. 아버지는 숙소에 들어갔다가 다시 차로 돌아왔다. 표정이 어두운 것이 아무래도 방이 없는 듯했다. 다시 떠날 마음을 먹었다.

다음 날 새벽 출발할 때에야 숙소 모습을 제대로 보았다.

"방 있다. 내리자."

그 말을 듣자마자 탄성이 터져 나왔다.

"아, 살았다. 살았다."

가벼운 마음으로 짐을 들고 숙소 1층 로비의 체크인 카운터로 갔다. 순박하고 덩치가 큰 직원이 있었다. 정말 고맙고 반가웠다. 몹시 기쁜 나머지 그동안 배우고 써먹던 영어 실력의 120퍼센트를 발휘해 연신 고맙다고, 엘리베이터는 어디에 있느냐고, 내일 아침 체크아웃 시간은 언제냐고 딱히 알 필요도 없는 대화를 나눈 뒤 숙소로 올라갔다.

극적으로 숙소를 구했더니 뿌듯했다. 그런데 아버지는 어떤 마음이었을까. 그저 언젠가는 잘 수 있는 숙소를 찾겠지 하며 평온한 마음으로 그 순간마저 즐기고 있던 건 아니었을까.

주립공원도 볼 만한데?

– 우리 가족의 역사를 따라, 태평양 연안 주립공원에서

다음 날 조금이라도 시간을 아껴보려고 새벽 다섯 시에 기상했다. 여행지에서 더 많이 보고 느끼려면 일찍 일어나는 게 필수다. 아이들이 없으니 출발이 빨랐다. 일어난 지 20분 만에 출발 준비가 끝났다. 아버지와 나는 호텔 문을 박차고 나갔다. 무료 조식이고 뭐고 무조건 출발했다. 물론 일정은 정해져 있지 않았다. 정해진 것이라고는 딱 한 가지. 최종 목적지가 베이스캠프인 시애틀이라는 것뿐.

문밖을 나서니 아직 어둑어둑했다. 바닷가라 바람이 찼으나 추위를 느낄 새 없이 차에 짐을 싣고 시동을 켰다. 무작정 북쪽으로 향했다.

"죄송해요. 또 운전하셔야겠네요."

"왜 면허증을 두고 와가지곤. 쯧쯧."

숙소가 있던 동네의 시내로 들어갔다. 넓은 태평양 바닷가가 보였다. 이른 새벽이었지만 해는 이미 떠올랐다. 조용하고 분위기가 약간 어두운 도시였다. 태평양과 아침 인사를 나눠볼까 하고서 바닷가로 향했다. 도시 도로에는 청소 차량과 산책 나온 몇몇 노인 말고는 아무것도 없었다. 신호등도 아직 노란불 점등 상태일 정도로 이른 아침이었다.

도시의 이름을 알리는 '시사이드' 간판 뒤에는 두 남자의 동상이 있었다. 영웅화가 많이 이루어지는 미국이기에, 신원을 알 수 없는 두 남자의 동상을 대수롭지 않게 올려다보았다. 그런데 간판에는 1805년이라는 상상하기 힘든 시절의 연도가 적혀 있었다.

'얼마나 대단하길래 200년 전 사람들이 이곳에서 영웅처럼 바다를 지키고 있을까.'

호기심이 생겨 가까이에서 보니 이런 글이 적혀 있었다.

'The END of the Lewis and Clark Trail(루이스와 클라크 길의 종점).'

종점이라니 무슨 의미일까 궁금했는데 아버지가 술술 설명해주었다.

"그들은 대단한 탐험가였어. 미국 서부 개척의 전부라고 해도 무방한 역사적인 인물이지. 대통령의 명령이기는 했지만 미국 중부에서부터 서부 태평양 바다 능선까지 탐험해온 사람들이다. 우리나라의 김정호 선생 정도 된다."

미국에 온 뒤로 아버지가 가장 오래 말한 것처럼 느껴질 정도로 자세한 설명이었다. 훗날 서울에 돌아와 관련 자료를 찾아보았다.

- 미국 토머스 제퍼슨 대통령의 명령으로 1804년부터 1806년까지 서부 개척이 이루어졌다.
- 미국 중부에서 시작하여 태평양까지 2년 가까이 이동했다.
- 탐험대 대장은 루이스 대위와 클라크 소위. 동행한 병사와 민간인도 다수였다.
- 그들의 경로는 '루이스와 클라크 국립 역사 도로(Lewis & Clark National Historic Trail)'라는 명칭이 붙었다.

200년 전 미국 중부에서 서부까지 말을 타고 이동했을 텐데 탐험대들이 얼마나 고생했을지 짐작조차 하기 힘들었다. 드넓은 미국 땅을 2년간 이동하며 혹한기와 한여름의 뜨거운 날씨, 부족한 식량을 어떻게 견뎌냈을까. 또한 개척 길에 만났을 수많은 인디언과의 조우는 어떠했을까. 긴 항해 끝에 마주한 망망대해를 보며 어떤 생각을 했을지 궁금해졌다.

그래서일까. 시사이드 바다가 다소 우울하게 느껴졌다. 모래사장 색깔도 다른 백사장과는 달리 검게 보였고 하필 하늘

이분들이 바로 대탐험의 대장님인 루이스와 클라크다.

이른 새벽 시사이드 바닷가는 한적했다.

선셋 비치는 역대급 백사장 길이를 보였다.

에 구름도 잔뜩 껴 있어 분위기가 더 가라앉은 듯했다.

차를 몰고 다시 북쪽으로 향했다. 10여 분을 달리니 왼쪽에 골프 클럽 이정표가 나타났다. 이렇게 작은 마을에 골프 클럽이 있다니 독특하네 하는 순간 바로 옆에 '선셋 비치'가 눈에 들어왔다. 다시 한 번 바닷가를 볼 심산에 차를 멈춰 세웠다.

놀라운 바다였다. 규모가 어마어마했던 것이다. 로커웨이 비치, 캐넌 비치와는 비교할 수 없을 정도로 깊고 넓고 길었다.

구글 지도를 열고 해변 길이를 대충 재보았다. 남북 길이가 약 15킬로미터는 되는 듯했다. 서울시 올림픽대로 기준으로 여의도에서 잠실역까지 가는 거리와 맞먹는 길이였다.

모래사장에 자동차를 끌고 들어올 수 있다는 점도 신기했다. 자동차 바퀴가 빠지지 않을까 걱정했지만 모래가 단단히 굳어서인지 다른 차량도 많았다.

그런데 한여름 7월 날씨 치고는 바람이 너무 차가웠다. 해안에 더 머무는 건 무리라 다음 목적지로 이동했다. 멀지 않은 곳에 '주립공원'이라는 이정표가 있었다. 자동차 머리를 꺾었다. 점점 컬럼비아강이 가까워지고 있었다. 즉, 오리건주를 넘어 시애틀이 있는 워싱턴주에 다 와간다는 이야기였다.

이동한 곳은 포트 스티븐스 주립공원. '포트(Fort)'라는 단어를 보자마자 태평양의 요새 역할을 하던 곳임을 알 수 있었다. 큰 기대 없이 들렀는데 아버지가 미국 유학 중일 때 온 가족이 놀러와 캠핑했던 공원이라고 했다. 당시 텐트를 치고 하룻밤 묵던 일화를 들었다. 7세 아이였던 누나가 라쿤으로 추정되는 동물이 어둠 속에서 눈을 밝히고 있는 모습을 보고 기겁하며 울어서 긴급하게 철수했다는 가족 무용담이었다. 누나도 누나지만 그때 그 라쿤도 얼마나 놀랐을까.

"그래. 맞다, 여기다. 여기에 있다가 경비동으로 철수했지."

아버지가 옛 추억을 더듬었다. 엄마와도 몇 년 전에 다시

포트 스티븐스 주립공원의 산책로가 호젓하다.

와본 곳이라 아버지의 이야기 속에서 깊은 회한이 느껴졌다. 온 가족이 여기서 즐겁게 놀았다는 생각에 내 가슴도 뭉클해졌다. 어쨌든 공원은 너무나도 아름다웠다.

사람도 없고 차도 없는 곳이었다. 혹시나 이제 서른다섯 살이 넘었을 그 라쿤이 또 나오는 건 아닐까 싶을 정도로 조용하고 아름다운 공원이었다. 주립공원이 이 정도로 훌륭한 수준이라니 놀라웠다. 35년 전 이야기를 아버지에게 들으며 아름다운 길을 따라 이동했다. 내친김에 공원 깊숙한 곳까지 가기로 했다. 이따금 차 한두 대가 지나가긴 했지만 인기척이라고는 없었다. 그런데 갑자기 눈앞을 덩치 큰 동물이 떡하니 가로막았다. 천천히 다가갔다. 순록이 아닐까 싶었다. 순록이 차에 달려들 경우 그 뿔이 운전자까지 공격할 수 있다는 말을 들었다. 조심조심 가까이 갔다. 동물원에서나 볼 수 있던 동물을 이렇게 눈앞에서 만나게 되다니! 가까이 보니 송아지만 한 몸집에 흡사 루돌프 모자를 빌려 쓴 듯한 생김새였다. 이 태평한 짐승은 우리는 아랑곳없이 느긋하게 풀을 뜯어 먹고 있었다.

공원 끝자락까지 들어가서 다시 바다 구경을 했다. 아무래도 이곳은 아버지와 나, 루돌프 비슷한 녀석 이렇게 셋밖에 없는 곳 같았다. 35년 전에 와봤다고는 하나 조금도 기억나지 않는 이곳을 떠날 때가 되었다.

미국 땅 서쪽 바다, 즉 태평양으로 흘러 들어가는 강은 여러 개가 있다. 우리가 지나는 강은 컬럼비아강이다. 컬럼비아강 하구에 있는 만은 서부에서 가장 크다고 한다. 강을 건너는 교량인 애스토리아-메글러 다리의 길이가 장장 6킬로미터라니 강 폭이 얼마나 넓은지 짐작할 수 있다. 서울 한남대교 길이가 1킬로미터가 조금 못 된다. 한남대교 여섯 개를 건너야 컬럼비아강을 건널 수 있다는 말이다.

교각은 태평양에서 들어오는 배가 지나갈 수 있도록 남단의 한쪽 부분만 높게 솟아 있었다. 코끼리를 삼킨 보아뱀 배 위에 오르는 듯한 느낌이었다. 남단에서 출발해 북단으로 올라가려면 도중에 급격한 롤러코스터를 타는 것 같기로 유명한 다리였다.

다리를 건너자마자 워싱턴주로 진입했다. 하루 만에 다시 또 북쪽 도시로 돌아온 것이다. 그때 눈을 의심할 만한 이정표가 나타났다.

'Cape Disappointment State Park.'

"케이프 디서포인트먼트 주립공원? 실망? 실망봉 주립공원?"

남아프리카 공화국의 케이프타운이나 희망봉은 알겠는데 거기에 한술 더 떠 실망봉이라니! 웃음이 절로 나왔다. 공원에 꽤나 실망스러운 것이 있는 모양이었다.

이곳 역시 바닷가 끝자락 컬럼비아강 하구에 있는 공원이

애스토리아-메글러 다리를 지나며 한 컷. 멀리 바닷속으로 빨려 들어가는 듯한 6킬로미터짜리 교량이다.

라서인지 성곽 모양으로 꾸며져 있었다. 바닷가 인근에서 난파선이 여러 번 발견되었다는 설명문이 보였다. 아주 오래전 컬럼비아강을 건너려고 시도한 탐험가가 있었는데 배가 실망봉 인근 바닷가에 좌초되어 결국 넘어가지 못했단다. 바닷가에 퇴적물이 워낙 많이 밀려오기에 배가 좌초되는 경우가 많다고. 그렇게 죽은 선원의 시체가 발견되기도 하는데 실제로 공원에 '죽은 사람의 만(Dead Man's Cove)'이라는 곳도 있었다. 1805년의 탐험가, 루이스와 클라크 역시 이곳을 지나갔는데 더는 전진할 수 없어 실망했다는 일화도 있다.

"아, 명색이 탐험대인데 더 이상 전진할 수 없었다니 실망했겠구나."

어느새 정확한 맥락을 짚어낸 아버지가 말했다. 지명에 담긴 사연을 알게 되자 이내 겸허한 마음이 되었다.

등대지기의 집

공원 내부는 조용한 언덕이 대부분이었다. 배가 좌초되기 쉬운 곳이라니 어딘가에 등대가 있지 않을까 싶었다. 아니나 다를까 공원 안쪽으로 조금 더 차를 몰고 들어가니 등대로 이어진 길이 나타났다. 등대 이름은 '노스헤드 등대'. 무려 1890년에 지어진 등대였다. 몇 번의 보수 과정을 거쳤다고는 하나 가까이서 보니 매우 낡았다.

차를 세우고 아버지와 등대 쪽으로 걸어갔다. 머지않아 숲속에 3층짜리 집이 나타났다. 밤이 되면 2층 구석방 어딘가에서 유령이 나올 것만 같은 집이었다.

"무슨 이런 집이 있죠? 창고 같기도 하고 아니면 발전 시설인가?"

"인마, 딱 봐도 등대지기 집이지."

아버지는 넘겨짚어도 정확히 맞추는 데 선수다. 어쨌든 집 근처에 자동차가 있는 것으로 보아 등대지기는 집 안에 있는 듯했다. 요즘은 지피에스가 있어 등대의 역할이 많이 줄었을 텐데, 아직 이러한 곳이 있다니 기분이 묘했다.

숲속으로 더 걸어 들어가보기로 했다. 그런데 무언가 부스럭거리는 소리가 들렸다. 라쿤일까. 아니면 거친 산짐승일까. 여행하면서 내가 참 겁이 많다는 걸 여러 번 느꼈다. 아버지는 삼각대를 들고 이미 저만치 전진하고 있었다.

걸음을 재촉하여 숲을 벗어났다. 멀리 등대와 바다가 보이기 시작했다. 지구상에서 가장 큰 바다 태평양. 이곳에 와서야 비로소 그 바다의 크기를 제대로 가늠하게 되다니 감개무량했다. 시야에 가득 찬 바다. 멀리서부터 넘실거리는 파도를 보며 추위를 잊었다. 등대 근처에 인기척이라고는 전혀 없었다. 이곳의 등대지기는 혼자서 늘 외롭게 근무하겠지 싶은 생각이 들었다. 관광객도 등대에 올라가 불을 켜볼 수 있다고 했으나 그날은 문이 닫혀 있었다.

바다를 바라보며 워싱턴주에 와 있다는 생각에 설렜으나 그것도 잠시, 우리 부자는 바닷바람 추위에 떠는 것 말고는 더 이상 할 수 있는 일이 없었다. 새벽 다섯 시에 일어나 바쁘게 달려왔지만 어느새 시간이 많이 흘렀다. 이러다가는 더 이동하지 못한 채 점심 시간이 될 듯했다. 자동차로 돌아갔다. 공원을 마저 돌아본 뒤 오늘의 목적지로 이동하기로 했다.

노스헤드 등대지기의 집이 외롭게 서 있다.

노스헤드 등대는 무척 낡아 보였다.

미국 공인 스피드 레이서 자격증 획득

– 워싱턴주 시골길에서 미국 공권력을 만나다

① 여행 중 가야 할 길이 아직 많이 남았다.

② 봐야 할 것도 많이 남았다.

③ 오늘 하루 벌써 반나절이 흘러 시간이 부족하다.

④ 현재 위치는 한적한 숲속, 길은 텅 비었다.

이처럼 과속하기에 완벽한 조건이 있을까. 아버지는 목표를 향해 빠르게 직진해야만 직성이 풀리는 레이서 본능이 있는 듯했다. 나로서도 빠른 이동은 늘 대찬성이지만 이번엔 아버지가 빨라도 너무 빨랐다.

2차선 숲길을 여유롭게 달리고 있었다. 서울 외곽에서 쉽게 만날 법한 시골길 같았지만 아주 길고 곧게 뻗은 가로수들이 이곳이 미국임을 상기시켰다. 길에는 차도 없고 사람도 없었다. 가끔 나타나는 자동차들은 차분하고 여유로운 속도로 움직였다.

"뭐꼬, 이거……."

아버지는 경상도 사투리를 내뱉으며 한가로이 달리는 앞차를 앞질러 속도를 냈다. 사륜구동 지프차가 급격히 가속할 때 나오는 용트림 소리는 귀에 거슬릴 정도로 컸다. 아버지는 거침없이 중앙선을 넘나들며 앞차를 아슬아슬하게 앞질러 갔다. 추월한 차만 벌써 몇 대인지 모를 정도였다.

"천천히, 천천히! 에이, 너무 빨라요. 빨라, 빨라."

내가 할 수 있는 거라곤 동네 대형 마트의 '2+1' 상품처럼 세트로 몇 마디 내뱉는 것뿐이었다. 지프가 경주용 차량처럼 폭주하고 있었다. 한적한 길이었기에 사고의 위험은 걱정되지 않았다. 그저 10년 전 트라우마가 떠올라 아버지에게 천천히 가자고 말했던 것이다.

2007년에 그랜드 캐니언 부근에서 과속했을 당시 속도 제한은 시속 55마일이었다. 그 길을 나는 70마일로 달렸던 것이다. 주변에 차가 없고 조용한 숲길이라 체감상 과속하고 있다는 느낌은 없었다. 하지만 마침 맞은편에서 경찰차가 오고 있었다. 갑자기 경광등을 켜더니 유턴해서 우리를 쫓아오는 게 아닌가. 당시 젊은 아시아 남자 세 명이서 차에 타고 있었다. 운전하고 있던 나는 경찰이 겨눈 총을 바라보며 온몸이 얼어

붙었다. 난생처음 권총을 마주했다. 숨 쉴 틈도 없이 손을 번쩍 머리 위로 올렸다. 실탄을 장전한 총구가 나를 겨누는 공포는 실로 어마어마했다.

"Driver get out, driver only(운전자만 내려, 운전자만)."

두 손을 들고 차에서 번개같이 내렸다. 탄식이 절로 나오면서 뼛속 디엔에이에 달라붙어 있던 영어 실력까지 모두 동원하여 경찰에 대응했다. 현란한 영어 실력으로 목숨은 건졌지만 결국 175달러를 벌금으로 내야 했다.

벌금을 내기 위해 로스앤젤레스 시내의 한 은행을 찾았다. 내 영어 사전에 은행 용어 같은 것은 없던 터라 매우 긴장한 채였다. 모두 나를 마치 은행 강도처럼 경계하는 게 느껴졌다. 은행 창구에 벌금 고지서를 보여주었다. 민망한 마음에 현금을 촥촥 뿌리듯 납부한 뒤 은행을 도망 나왔다. 이후 과속은 나에게 쭉 트라우마로 남았다. 다시는 미국의 공권력을 만나고 싶지 않았다. 그래서 아버지께 자꾸 서행을 요구했던 것이다.

미국은 위반한 속도 구간에 따라 벌금이 계단식으로 늘어난다. 더 빠른 속도로 스피드를 즐겼다면 더 많은 벌금을 내야 하고, 심할 경우 48시간 구금을 당할 수도 있다. 어쨌든 미국의 공권력은 내게 공포 그 자체였다.

아무리 "천천히"를 외쳐도 아버지는 거침없었다. 조금만 더 북쪽으로 올라가면 우리의 중간 정차 지점인 올림픽 국립공원에 도착할 수 있었다. 한적한 도로 위 속도 제한은 시속 55마일이었다. 그러나 우리 차는 시속 86마일로 달리는 중이었다. 미터 단위로 변환해보자면 제한 속도 시속 90킬로미터에, 약 130킬로미터로 달렸다는 말이다. 게다가 약간 경사진 언덕길이 나와서 더 힘차게 액셀을 밟기까지 했다. 그런데 그 순간 맞은편에서 대형 SUV 차량이 나타났다. 경찰차였다. 경광등에는 이미 빨간불, 파란불이 켜져 있었다.

아버지에게 연신 소리를 질렀다.

"아버지 경찰, 경찰, 경찰! 속도 줄여요!"

2007년 겪은 일의 데칼코마니처럼, 맞은편에서 달려오던 경찰차는 유턴한 뒤 우리를 따라왔다. 본능적으로 불안감이 엄습했다. 그렇다. 걸리고 말았다. 벌금이야 내면 되지만 권총 총구를 마주했을 때 느꼈던 공포가 다시 떠올라 심장이 벌렁벌렁했다.

"손 아래로 절대 내리지 마세요. 핸들 잡고 계세요. 여권 어디 있어요? 차에서 내리라고 할 때까지 절대 차에서 내리지 마세요. 주머니에 손 넣지 마시고요."

일련의 사태를 먼저 겪어본 선배로서 아는 지식을 모두 쏟아냈지만 막상 아버지는 덤덤한 표정으로 앉아 있었다.

경찰이 다가왔다. 물론 경계 태세였다. 창문을 내리라고 노크했다. 다행히 손을 머리로 올리라는 말은 없었다.

"안녕하세요. 속도 제한은 55마일인데 86마일로 달렸습니다. 신분증 보여주시죠."

아버지는 미리 챙겨둔 여권을 건넸다.

"차에서 기다리십시오."

경찰은 아버지의 여권을 들고 경찰차로 돌아갔다. 남겨진 우리는 아무 말도 할 수 없었다.

"아, 왠지 불안하더라니."

나는 핀잔을 늘어놨지만 아버지는 평온을 유지하고 있었다. 예상보다 강압적이지 않은 경찰 같아서 약간 안심되었다. 이 순간을 기록해야겠다는 마음이 생길 만큼 여유를 찾고 사진을 몇 장 찍었다.

5분 정도 흘렀을까. 경찰이 돌아왔다. 수업 종소리에 부랴부랴 정신을 찾은 학생처럼 바른 자세를 하고서 경찰을 쳐다보았다. 벌금이 얼마쯤 나왔을까.

"자, 김 선생님. 오늘은 딱지를 안 끊을 겁니다. 한국으로 돌아가는 여행길을 망치고 싶진 않거든요. 운전 조심하십시오. 여긴 55마일이 제한 속도이니까요."

우리는 합창했다.

경찰차가 달라붙었다. 그가 우리에게 온다.

"오케이 쌩큐."

아버지의 신원을 오랫동안 조회한 경찰은, 미국 출입 기록이 35년 전부터 수북하고 연세 지긋한 양반이 위험한 인물로는 안 보였을 것이다. 무엇보다 이틀 뒤면 한국에 돌아간다는 출입국 기록도 조회됐을 터. 여행객의 단순한 실수였다 여기고 봐준 게 아니었을까. 어땠든 너무도 감사한 경찰과 이별했다.

'그런데 우리가 과속한 걸 어떻게 알았지?'

사람은 망각의 동물이라고 했던가. 경찰이 시야에서 사라지자 자기 합리화가 시작되었다.

"86마일? 1마일이 1.6킬로미터니까 135킬로미터로 달렸다고? 잘못 측정한 거 아냐? 근데 저 녀석이 어떻게 우리 속도를 알았지? 맞은편에서 오고 있었는데 말이야."

"아버지, 맞은편 차에서도 속도계는 켜고 있을 거예요. 다 알 방법이 있겠지요."

"그런가."

어쨌든 우리는 이 정도 속도는 과속으로 볼 수도 없다며, 경찰 양반이 다소 예민한 날이었다고 낄낄거렸다. 그러나 순간 섬뜩한 느낌이 들며 등줄기에 땀이 흘렀다. 만약 내가 운전 중이었다면 신분증이나 여권도 없는데 어떻게 됐을지. 맞은편에서 우리 속도를 가늠하고 잡으러 온 경찰에 의구심이 들 때쯤, 비행기가 차량 속도를 측정한다는 표지판을 본 기억이 떠올랐다. 비행기의 지피에스가 우리 차의 속도를 감지하고 몇 시간 동안 추적했던 것일까. 그 사실을 근처 경찰에게 통보했고 우리를 발견한 경찰은 즉시 차량을 멈춰 세워 경고했던 게 아닐까. 영화 같은 상상을 해보았다. 그런데 아버지는 마음이 급한지 여전히 제한 속도를 넘나들고 있었다. 어쨌든 미국에서 과속은 금물. 이것은 진리다.

하늘에서 감동이 비처럼 내려

- 백지 여행의 백미, 올림픽 국립공원에서

먼 길을 돌고 돌아 이번 여행의 마지막 국립공원인 '올림픽 국립공원'에 도착했다. 올림픽 국립공원은 미국의 여러 공원 가운데 태초의 모습을 가장 많이 간직한 공원이라고 했다. 난개발을 막고 본래 모습 그대로를 보존한 곳이 많아 세계적 각광을 받는 포인트가 많다. 그중에서 '호 레인 포레스트'라는 곳을 가장 먼저 둘러볼 계획이었다.

호 레인 포레스트에 가려던 이유는 두 가지였다. 적도가 아닌 중위도 부근에 형성된 밀림이라는 점, 그리고 영화 〈트와일라잇〉의 촬영지였다는 점이다. '레인 포레스트'는 비가 오는 숲, 즉 우림이라고 해석하면 되지만 '호'가 무슨 뜻일지 궁금했다.

"뭐, 이 근처를 지키던 인디언 이름쯤 안 되겠나?"

무뚝뚝한 아버지의 답변. 찾아보니 역시나 딩동댕이었다.

수많은 인디언 가운데 이 지역에 살았던 인디언인 호(Hoh)족의 명칭을 기려 붙인 이름이란다.

대개 우림이라 하면 적도 부근의 고온 다습한 기후로 인해 숲이 우거진 열대 우림을 이야기한다. 어쩌다가 열대 지방도 아닌 미국 북서부 워싱턴주에 우림이 생겨났을까. 호 레인 포레스트는 지구상에 몇 개 안 되는 온대 우림 중 하나다. 그 생성 원인은 태평양 캘리포니아 해류의 차가운 기운에 있다고. 차가운 해류가 올림픽 산맥과 부딪히면서 저지대에 많은 비가 내리게 되어 우림이 생겨났다는 것이다. 세계 3대 온대 우림 중 하나라는 점과 세계 자연유산으로도 지정된 곳이라 기대가 되었다.

호 레인 포레스트의 1년 강수량은 무려 4미터인데다가 엄청나게 습하여 나무가 쑥쑥 자랄 수밖에 없는 곳이다. 높은 전나무가 하늘을 찌를 듯해서 숲속에서는 고개를 들어도 하늘이 잘 보이지 않는다. 숲에서 보는 하늘의 70퍼센트가 가려져 있다나. 습한 기운 덕분에 나무들은 온통 이끼 옷을 입고 있다. 괴기스럽고 음산한 분위기가 공원을 뒤덮고 있다. 그 묘한 분위기 덕분에 호 레인 포레스트는 올림픽 국립공원의 대표적인 관광지로 자리잡았다.

그런데 기대가 너무 컸던 걸까. 막상 깊은 숲속으로 들어가도 영화처럼 괴기스러움을 풍기는 숲은 찾을 수 없었다. 예상대로라면 뱀파이어 다섯 정도는 나타나 우리를 반겨야 했는데 말이다. 그저 깔끔한 산속 2차선 도로와 간간히 전나무 숲 사이로 보이는 맑은 강물만 이어졌다. '호강(Hoh River)'이었다.

호강은 의외의 매력적인 얼굴로 우리를 반겼다. 강물 빛이 매우 아름다웠다. 아버지와 나는 묵언의 교감을 나누고 차를 세워 바깥바람을 쐬러 갔다. 이렇게 맑고 깨끗한 강물을 보는 것은 난생처음인 듯했다. 입이 다물어지질 않았다. 아무도 없는 숲속에 깨끗한 물이 흐르고 시원한 바람은 솔솔 불고 새소리만 들리는 이곳. 여기야말로 천국이 아닐까 싶었다.

이곳 또한 아버지와 돌아가신 엄마가 몇 년 전 와본 곳이라고 했다. 아버지는 어색한지 같은 말만 반복하고 있었다.

"그때 온 게 여긴가. 그때는 이렇게 안 생겼던 것 같은데. 가물가물하네."

혹시 아내 생각이 자꾸 떠올라 오기 꺼려졌던 건 아닐까 싶었다. 그럼에도 아들놈이 가보겠다니 억지로 동행한 느낌이었다. 사진으로 봤던 이끼 숲은 계속 보이지 않아서 실망스러웠다. 한국에 돌아와 자세한 정보를 찾아보았다. 방문자 센터부터 시작되는 긴 숲길을 따라 걸어서 들어가야 진짜 호 레인 포레스트를 볼 수 있다고 했다. 괜한 헛걸음을 하고 온 걸 알고서는 부끄러웠다.

어쨌거나 숲에 있을 때에는 기대보다 못한 풍광에 기분이 썩 좋지 않았다. 그저 공기 반 벌레 반인 듯한 숲속 트레킹을 즐

호 강물의 빛깔이 믿을 수 없이 파랗다.

호 레인 포레스트 방문자 센터 표지판이 소박해 보인다.

기는 사람들이 대단하다는 생각뿐이었다.

"음, 올림픽 국립공원은 기대 이하네요."

그제야 호 레인 포레스트는 별것 없다는 이야기를 계속 흘렸던 아버지 말씀이 떠올랐다. 역시나 경험자의 말은 들어서 나쁠 것 없구나 하며 공원을 빠져나왔다. 북쪽으로 차를 돌렸다. 어서 시애틀로 돌아가고 싶어졌다.

허리케인 리지, 들어는 봤니

자동차는 깊은 산길로 향했다. 올림픽 국립공원 크기는 엄청났다. 만년설이 있는 산봉우리가 보일까 싶어 차창 밖을 올려다보았다. 눈 덮인 산은 보이지 않았다. 그곳에서 시애틀로 돌아가려면 몇 가지 방법이 있었다. 차를 계속 몰아 길 따라 돌아가거나 공원 인근에 정박한 여객선에 자동차를 싣고 돌아가는 방법이었다. 선택의 갈림길에 와 있었다. 이미 나는 지친 상태라 배를 타든지 자동차로 돌아가든지 아버지의 결정에 따르기로 했다.

그런데 아버지는 좌회전도 직진도 아닌 우회전을 선택했다. 다시 올림픽 국립공원 산속으로 들어가는 방향이었다.

경사진 산길을 따라 자동차가 굉음을 내며 올라갔다. 올림픽 국립공원이라고 깔끔하게 적힌 입간판이 나왔다. 오전에 호레인 포레스트 인근에서 봤던 간판과는 달리 '여기가 정문'이란 느낌이 들었다. 혹시나 제대로 된 국립공원을 구경할 수 있는 건가 싶었다.

길은 끝도 없이 오르막길이었다. 군데군데 도로 공사까지 하고 있어서 정신이 없었다. 길 옆은 낭떠러지였고 우리는 그 길을 아슬아슬하게 통과했다. 통신 신호도 거의 잡히지 않을 만큼 깊은 산속이었다. 등골이 오싹해질 정도였다.

"어디까지 가시게요?"

"정상."

"네? 산꼭대기까지요?"

"허리케인 리지라는 곳이 있어."

이름 한번 멋지다, 허리케인 리지. 이곳에 오르면 만년설을 볼 수 있다는 둥 아버지의 설명이 이어졌다. 계속 아찔한 낭떠러지를 보고 있자니 눈앞에 보이는 산이 우리에게 쏟아지는 듯한 느낌이 들었다. 잠시 일었던 기대가 이내 사그라들었다.

오르고 또 올라도 산꼭대기는 나타나지 않았다. 어떻게 이런 산에 차가 올라갈 수 있을까 싶을 정도로 아찔한 길의 연속이었다. 이제 여행이 끝났다는 생각, 한국에 돌아가고 싶은 마음, 남은 이틀 동안의 계획 등이 뒤섞여 머릿속이 복잡한 가운데 산꼭대기에 도착했다.

허리케인 리지에 도착해서 본 첫 장면. 하늘 위에 올라와 있는 듯한 기분이었다.

허리케인 리지 방문자 센터에서 바라본 전경이 황홀하다.

해발 1,600미터. 머리 위에는 파란 하늘뿐이었다. 주차장에는 자동차가 나란히 주차되어 있었다. 사람들은 옹기종기 난간 쪽에 모여 있었다. 그곳에는 감탄사가 절로 튀어나오는 절경이 펼쳐져 있었다.

아버지는 허리케인 리지에서 이렇게 맑은 하늘을 볼 수 있는 것은 행운이라고 말했다. 대부분은 구름이 잔뜩 껴서 깨끗한 하늘을 보기 힘들다고. 시애틀에 8년째 살고 있는 매형의 말에 따르면 이곳을 세 번이나 찾았지만, 이 정도로 맑은 모습 본 적이 없다고 했다. 한동안 정신을 차리지 못하고 난간에 기대어 사진을 찍었다. 먼 산을 바라보았다. 이곳에 오기 전 그토록 실망했던 마음이 새삼스러워졌다.

'어떻게 이런 곳이 지구상에 있을까. 정말 아름답다. 월급을 30만 원만 받아도 좋으니 이 방문자 센터에서 근무했으면.' 하는 생각이 들 정도였다.

드디어 만년설을 보았다. 올림퍼스산이었다. 이 공원의 이름을 붙일 때 기준이 된 산봉우리였다. 여름에도 만년설은 여전했지만 빙하의 크기가 예전만 하지는 못하다고 했다. 어쨌든 멀리 보이는 만년설은 감동 그 자체였다. 텔레비전에서나 보던 만년설을 처음 보는 순간이었다. 아름다운 풀밭, 깨끗한 공기, 신비로운 만년설. 아무 기대 없이 방문한 허리케인 리지는 이번 미국 여행의 최고 수확이라고 자평했다.

멀리 보이는 올림퍼스 산봉우리가 웅장하다.

그러나 이제 안타깝게도 현실로 돌아가야 했다. 시애틀은 지도상 바로 옆에 있었지만 자동차로 서너 시간가량을 달려야 했다. 홀로 운전을 담당 중인 아버지께 미안했다.

순식간에 날이 어두워졌다. 시애틀 남쪽의 '페더럴 웨이'라는 곳에 도착하니 한국 식당이 밀집되어 있었다. 시애틀에 남아 있는 누나네 가족과 그곳에서 만나 저녁 식사를 하기로 사전에 약속해두었다.

아들 녀석을 1박 2일 만에 보니 더 애틋했다. 우리를 기다리느라 늦게 저녁 식사를 하게 된 누나네 가족에게 미안했다. 막내 조카는 잠결에 나왔는지 피곤한 모습이었다. 아들 녀석과 어색하고도 찐한 재회를 나눈 뒤 온 가족이 폭풍 같은 식사를 했다. 아버지는 기분 좋게 술잔을 기울였다. 나도 아버지와 단둘이 떠난 백지 여행을 마치니 기분이 한결 가벼워졌다.

허리케인 리지의 장관에 할 말을 잃었다.

6장.

아니,
벌써 한국이네?

베짱이처럼
여유도 부려보고

– 여행 2주 차를 맞이하여 시애틀에서 휴식을

1주 차 그랜드 서클 여행을 끝내고 시애틀로 돌아왔을 때는 피로가 한가득이었다. 한국에서 세운 계획대로라면 시애틀에 도착하면 아이들을 놔두고 다음 날 아침부터 성인 남자 셋의 2주 차 미국 여행을 시작해야 했다. 사나흘 뒤에 중간 지점에서 모두가 합류하는 것이 원래 계획이었다. 하지만 편한 곳에 돌아오니 베짱이 심정이 되어 다시 떠날 엄두가 나지 않았다. 몸 상태도 좋지 않아서 시애틀에 남아 집을 지키기로 했다. 한편 여행 조는 사진 촬영 장소로 유명한 '팔루스'로 떠났다. 서울시 수십 배 크기의 밀밭이 펼쳐진 그곳에 반드시 가겠노라 아버지는 단단히 벼르고 있었다.

아버지가 팔루스에서 찍어온 사진을 보니 그토록 서둘러 시애틀을 다시 떠난 이유가 이해되었다. 열혈 사진가들은 경비행기까지 빌려 타고 촬영할 만큼 그곳에는 대단한 피사체가 모여 있다고 했다. 초록 밀밭이 한없이 펼쳐진 팔루스 풍경은 넓고 아름다웠다. 한국에 돌아와 열린 아버지의 개인 사진전 포스터도 이곳 풍경 사진이 장식했다. 극한 스케줄이라도 다시 떠날 수밖에 없던 아버지의 마음이 사진 몇 장으로 이해되면서 여유를 부린 것이 살짝 후회되기도 했다.

기왕 시애틀에 남기로 했는데 망가진 스마트폰부터 어떻게 해봐야겠다는 생각이 들었다. 하지만 한국산 전화기를 미국 땅에서 수리할 방법은 쉽게 찾을 수 없었다. 망가진 스마트폰을 가지고 2주 차 여행을 하기에는 위험이 너무 컸다. 깨진 유리 가루가 계속 떨어졌고, 카메라가 만들 수 없는 스마트폰 사진만의 느낌이 있으므로 어떻게든 고치고 싶었다. 하지만 수리 가격이 거의 한국의 두 배였다. 너무 비싸서 그냥 새 스마트폰으로 교체를 강행, 아이폰을 사기로 결심했다. 여행을 준비하느라 고생한 나에게 주는 일종의 선물이기도 했다. 시애틀이 여행의 베이스캠프였음에도 막상 이 도시를 둘러볼 기회는 없었는데 절호의 찬스이기도 했다.

시내의 벨뷰 스퀘어로 갔다. 시애틀 옆 벨뷰라는 도시에서 가장 현대적으로 꾸며진 종합 쇼핑몰이었다. 커다란 쇼핑몰에 들어서니 눈앞에 보이는 모든 사람이 서양인이라 현기증이 났다. 누나와 조카들, 아들 녀석은 깨끗하고 시원한 쇼핑몰에 오

스텝토 뷰트 주립공원의 팔루스 밀밭. 아버지의 사진 작품이다.

니 기분이 좋아 보였다. 먼저 애플 스토어를 찾았다. 스토어를 점령하듯 진입하여 스마트폰을 새것으로 교체하며 임무를 마쳤다.

누나와 조카들이 잠시 볼일 보러 간 사이, 아들과 나는 쇼핑몰에 남겨졌다. 목이라도 축이며 새로 산 아이폰 개봉식을 즐겨볼까 싶어 스타벅스로 향했다. 게다가 스타벅스의 본고장인 시애틀에 왔으니 꼭 가볼 수밖에.

그런데 이게 무슨 일인가. 메뉴판에는 에스프레소와 라떼 두 가지뿐이었다. 몹시 당황스러웠다. 얼음 쓱쓱 갈아 만든 프라푸치노를 멋지게 주문하여 이상 고온의 시애틀 더위를 식혀볼 작정이었는데 말이다. 먹고 싶은 메뉴가 없을 거라는 예상은 전혀 하지 못했다. 길게 늘어선 대기 선이 거의 다 사라진 지점에 이르자 완전히 당황하고 말았다.

'뭐지? 찬 음료가 없네. 뭘 주문해야 하지? 어떤 표현이 정확한 거지? 라테, 위드 아이스? 아니면 그냥 아이스 라테? 라떼? 라아테? 라티? 뭐라고 발음해야 하지?'

나름 영어권 국제학교에서 학창 시절을 보내고 유학 시절에도 외국인 친구들이 뽑은 가장 영어 잘하는 사람이었다. 그런데 어떻게 커피를 주문해야 할지 몰라 당황하다니! 금발에 키가 2미터는 족히 되는 듯한 점원이 매우 빠른 영어로 주문을 받고 있었다. 우리 뒤에는 현지인들이 파란 눈을 부릅뜨고 있

벨뷰 스퀘어의 스타벅스에서 완전히 당황하고 말았다.

어 당황할 수밖에 없었다. 결국 아들 녀석을 위해 집어든 오렌지 주스만 계산하고 나왔다.

스타벅스에서 에너지를 다 뺏기고 난 뒤 누나가 운전하는 차를 타고 시내를 둘러보았다. 누나의 운전 솜씨도 아버지 못지않게 과감했다. 시내에서 다중 추월은 기본이고 속도도 만만치 않게 올리는 것이 영락없는 그 아버지에 그 딸이었다.

운전에 대해서라면 사실 누나에게서 상대적 박탈감을 느낀 적 있다. 두 살 더 많은 누나와 나는 비슷한 시기에 면허를 취득했는데 부모님은 누나가 먼저 핸들을 잡게 해주었던 것이다. 가까운 마트나 지하철역에 갈 때 엄마는 누나가 운전하도록 허락했다. 하지만 아무리 기다려도 나에게는 기회가 오지 않았다. 동년배 친구들은 부모님 차를 운전해서 모임에 나오기도 했던 터라 내심 한으로 남았다. '더럽고 치사해서 내 차 사서 운전하고 만다'는 각오를 다졌다. 그렇게 스무 살에 딴 면허는 10년을 숙성했다. 서른 살이 되어서야 결혼 전에 산 작은 자동차를 실컷 운전할 수 있었다. 누나가 운전하는 차를 타니 갑자기 옛 기억이 떠올랐다. 이젠 아쉬울 것 하나 없는 진짜 옛날 일로 남았을 뿐이다.

차를 타고 향한 곳은 벨뷰 스퀘어 근처에 있는 매형의 회사였다. 세계 최대의 컴퓨터 소프트웨어 회사인 마이크로소프트 본사였다. 벨뷰 도심 북동부 레드몬드 지역에 있는 대형 캠퍼스 같은 곳에 사무실이 있었다. 실제로 가보니 이곳이 정말 회사인지 가늠할 수 없었다. 넓은 땅에 2, 3층 규모의 사무동이 리조트같이 배치되어 있었다. 회의나 보고 없이 하루를 넘기기 힘든 한국의 직장 문화를 생각해보면 이러한 근무 환경은 꽤 파격적이었다.

매형의 회사를 살펴본 뒤 놀러 갔던 조카들을 데리러 갈 시간이 됐다. 누나가 사는 동네 맞은편에 있는 주택 단지로 향했다. 평범한 중산층 가정이 모인 동네라는데 아름답고 공기 좋은 그곳 환경이 매우 부러웠다. 어딜 보아도 잘 정비된 수목원에 온 듯했다.

조카들을 기다리며 차에서 찍은 주택 단지 사진. 온통 나무뿐인 주변 경관이 몹시 부럽다.

어느덧 돌아갈 시간

여행한 지 열흘 하고도 사흘이 더 지난 날 아침 일찍, 아버지와 누나는 레이니어산 국립공원으로 훌쩍 떠났다. 매형과 조카들, 아들 녀석과 나는 남아 다른 일정을 계획했다. 아이들과 함께 근처에 있는 미국식 키즈 카페에도 가며 모처럼 신나게 놀고 있을 때 깊은 산속이라 연락이 두절되었던 아버지와 누나에게 연락이 왔다. 잘 도착했고 멋진 사진을 찍었고 좋은 경치를 모처럼 부녀가 함께 구경했다며 이제 곧 집으로 출발하겠다는 장문의 메시지였다. 한 장의 멋진 사진과 함께 말이다.

이들과 함께 나섰더라면 국립공원 볼펜을 하나 더 살 수도 있었을 텐데. 사진을 보니 레이니어산 국립공원에 가지 못한 것이 살짝 후회되었다. 멋진 산이었다. 전날 올림픽 국립공원 허리케인 리지에서 본 엄청난 장관에 이어 레이니어산까지 보니 한국에 이 깨끗한 공원들을 데려가고 싶은 마음이 간절했다.

여러 추억을 쌓고 나니 한국으로 돌아갈 시간이 다가오고 있었다. 아버지는 이 아쉬움이 다가올 것을 모두 알고 있었나 보다. 그토록 바쁘게 움직였던 아버지가 그제야 이해되었다. 마지막 날 이른 아침 시애틀 북쪽에 있는 '디셉션 패스 주립공원'까지 다녀올 만큼 아버지는 강행군을 멈추지 않았다. 서울에 돌아와 쳇바퀴처럼 하루하루 살자니 피곤을 핑계 삼아 쉬면서 시간을 보낸 것이 아쉬움으로 남았다. 아버지처럼 부지런히 움직이는 것이 여행의 기술임을 깨닫는 것으로 아쉬움을 달래야 했다.

레이니어산 국립공원, 아버지가 찍어 보내준 사진이다.

Tips & TMI #6

시애틀에 대한 잡다한 정보

미국 북서부 워싱턴주에 있는 시애틀은 국내에도 잘 알려진 대도시다. 시애틀에 대한 기초 튼튼 TMI를 담았다.

1. 지리

시애틀은 바다에 인접한 항구 도시다. 캐나다 국경과 아주 가까우며 시애틀을 오가는 고속도로가 지도상에 빼곡하게 차 있을 만큼 거대한 도시다. 그런데 지도에 시애틀이라고 표기되는 영역 모두가 시애틀은 아니라고 한다. 행정 구역상 진짜 시애틀 지역은 해안가 중앙 구역의 작은 반도를 가리킨다.

시애틀 주변에는 소도시가 많은데 이 모든 영역을 합쳐 '그레이트 시애틀 에어리어'라고 부른다. 한국으로 치자면 서울뿐 아니라 일산, 성남 등을 합쳐 '서울 수도권'으로 부르는 맥락이다. 그러므로 우리가 익히 알고 있는 시애틀은 주변 작은 도시까지 아우르는 구역을 의미한다.

2. 도시 이름의 유래

워싱턴주에는 1800년대 중반부터 백인이 유입되었다. 당시 미국 대통령은 시애틀을 지키던 원주민 추장에게 '그 땅을 나에게 파시

오'라는 편지를 보냈다고 한다. 그런데 추장은 '어차피 우리는 한 형제 아닌가'라고 답신했고 이에 감동하여 추장의 이름을 따 도시의 이름을 시애틀이라고 지었다고 한다.

3. 인구

시애틀의 인구는 약 60만 명으로 알려져 있다. 그레이트 시애틀 에어리어까지 포함하면 400만 명쯤이라고 한다. 시애틀은 미국에서도 인구가 가장 빠르게 증가하는 도시다.

서울 한강 이남 지역의 11개 구의 인구수가 521만 명인데(2018년 2분기 기준), 시애틀은 그 크기가 서울보다 훨씬 넓으니 도시의 쾌적함은 비교 불가다.

4. 날씨 및 기후

큰 한파가 없으며 여름에도 한국의 늦봄 정도의 날씨가 유지된다. 다만 비나 눈이 자주 내리는 특징이 있다. 1~3월은 최고 기온이 10도 안팎이고 최저 기온은 4도 수준이다. 7~8월의 기온은 최고 25도에서 최저 15도 수준이 유지된다(미국 국립환경정보센터 자료 기준).

직접 경험한 시애틀의 7월 날씨는 예술이었다. 당시 한낮 기온이 30도 가까이 올라갔는데 이상 기온일 만큼 더운 날씨라고 했다. 아침 기온은 14도 안팎으로 여름 같지 않은 날씨였다. 바다와 인접한 도시인데도 습하지 않고 쾌적한 기후를 자랑한다.

5. 시내 관광지 팁

• 스페이스 니들(Space Needle): 일명 시애틀 타워. 서울로 치면 남산 타워 격인 시애틀의 상징물이다.

• 파이크 플레이스 시장(Pike Place Market): 퍼블릭 마켓으로 알려진 벼룩시장이다.

• 스타벅스 1호점: 1971년에 생긴 세계 최대 커피숍 체인의 시발점이다.

• 스미스 타워(Smith Tower): 전망이 좋기로 유명한 건물이다.

• 케리 공원(Kerry Park): 시애틀의 전경과 레이니어산을 볼 수 있는 곳이다.

6. 시애틀에 8년 거주한 한국인이 추천하는 숨은 명소

• 롱비치에 있는 라푸시(La Push): 훌륭한 절경지다. 도시 외곽에 있어 자동차로 이동해야 한다.

• 포실(Fossil): 화석을 직접 캐볼 수 있는 곳. 공룡에 빠진 아이가 있다면 가볼 만하다.

• 타코마 포인트 러스턴(Tacoma Point Ruston): 시애틀 남쪽 타코마 바닷가 산책로다. 자전거를 타고 다닐 수 있으며 분위기 좋은 커피숍과 음식점이 즐비하다. 시애틀의 명소인 레이니어산이 아주

잘 보인다.

• 타코마 포인트 디파이언스 동물원(Tacoma Point Defiance Zoo): 타코마 시내에 있는 동물원과 아쿠아리움. 이곳에는 북극곰도 있다.

7. 시애틀 외곽으로 나가면 볼 수 있는 멋진 관광지

대자연 위주의 관광지며, 모두 차로 한 시간 이상 가야 하는 곳이다.

• 레이니어산 국립공원

• 올림픽 국립공원

• 베이커산

• 노스 캐스케이드 국립공원

• 디셉션 패스 주립공원

• 우드번 프리미엄 아웃렛

아름답지 못했던 것에 대한 폭로

- 여행을 떠나고 나서야 옥에 티를 알게 되다

완벽한 여행이었다. 아니, 완벽한 여행이었다고 믿고 싶었다. 완벽한 준비와 완벽한 멤버, 적어도 아버지를 모시고 삼대가 미국으로 떠났다는 사실만큼은 완벽에 가까운 주제였다. 모든 것을 여행사 도움 없이 준비했던 경험도 신나는 일이었다. 잠을 줄여가며 여행을 준비했던 시간은 자꾸 떠오를 만큼 재미났다. 최고 수준으로 준비했다고 자부했으나 여행을 떠나고 나서야 이 모든 것은 근거 없는 자신감에 불과했음을 비로소 알게 되었다.

여행 초보인 나에게 그 준비 과정은 유난히 길고 험난했다. 기본적인 여행 스케줄을 짰던 기간은 2개월, 실제로 여행을 준비하는 데는 무려 6개월이나 걸렸다. 퇴근하고 눈 비비며 인터넷으로 미국 땅을 헤집고 다녔다. 여행 경로를 설계하고 숙소를 찾느라 구글 지도 사이트에 수시로 들락날락했다. 현장 사진은 물론, 구글 지도에 나오는 스트리트뷰도 하나하나 보면서 꼼꼼하게 준비했지만 막상 여행을 떠난 뒤 중요한 것을 놓쳤다는 걸 알게 되었다.

식사 문제를 너무 쉽게 생각한 것이 이번 여행의 옥에 티였다. 끼니 때마다 우왕좌왕 대책이 없었다. 여행 중 이동 동선이 꼬이는 일은 없었다. 숙소 문제도 골치 아프게 한 적이 없었다. 그러나 식사 문제는 유독 우리를 괴롭혔다. 이동 경로에 맞춰 아이들과 함께 식사할 만한 곳을 염두에 두고 떠났어야 했는데 그러지 못했다. 밥때가 되면 항상 비슷한 말이 오갔다.

"아무거나 먹자."

"지금 시간 없으니까 나중에 먹자."

"딱히 먹고 싶은 게 없네."

나는 늘 여행에 최적화된 식성을 가졌다고 생각했다. 먹을 것을 까다롭게 가리거나 배가 고프다고 언행이 날카로워지는 유형도 아니었다. 그저 손에 잡히는 것 아무거나 입속에 넣을 수 있다면 만족하는 스타일이었다.

그러나 큰 오산이었다. 햄버거의 본고장인 미국 땅에서 먹는 진짜 햄버거보다 한국의 햄버거가 훨씬 맛있었다. 아시아 음식도 마찬가지. 미국에서 파는 것보다는 아시아 국가에서 먹는 게 뭐든 더 나은 듯했다. 아버지나 아들 녀석, 누나네도 식사 메뉴를 까다롭게 골라 먹는 이들은 아니었다. 그렇지만 적합한 식당을 찾기 위해 갈팡질팡한 것이 한두 번이 아니었다. 모두들 맛집이라고 인정한 식당에서도 우리는 고전했다. 미국에서 가장 자주 갔던 현지 레스토랑은 맥도날드였을 만큼 식사 문제 앞에서 준비 부족의 한계를 여러 번 드러내고 말았다. 여섯 살 아들 녀석은 종종 끼니를 거르기도 했다. 일행 모두가 가장 맛있게 먹은 음식은 숙소에서 만든 백반이라는 평이 우세했다. 멤버들 고생이 이만저만이 아니었다.

애리조나의 페이지라는 도시에서 중식당을 찾은 적 있다. 앤털로프 캐니언 투어 후 오후 두세 시경이 다 된 시각이었다. 점심 시간을 더 늦출 순 없었다. 게다가 그날 오후에는 그랜드 캐니언의 석양 사진을 찍으러 가기로 해서 마음이 급한 상태였다. 재빨리 식사 장소를 섭외했다. 페이지는 근방에서 제법 큰 도시이지만 식당을 찾기란 결코 쉽지 않았다. 서부 여행 닷새 차가 다 되어가는 날이었고 더 이상 기름진 음식을 먹고 싶진 않았다. 자동차로 이동하는 중에 간판 하나가 눈에 들어왔다. '만리장성'을 영어로 표현한 요란한 색깔의 간판이었다. 중국 음식점 같았다. 중식이라는 말에 아무도 저항하지 않았다. 게다가 뷔페식 레스토랑이라 개개인의 취향을 맞출 수 있을 듯했다. 아들 녀석 입맛도 공략할 수 있을 것 같았다. 뜨거운 태양을 피해서 차를 세운 뒤 우리 일곱 명은 일사불란하게 식당으로 향했다.

식당에 들어선 순간 아이들은 강한 중국식 기름 냄새에 연신 소리를 질렀다. 어른들은 아이들 입단속을 하느라 소리를 질렀다. 기름진 향과 아이들의 소란함이 섞여 정신이 혼미해졌다. 하지만 음식 종류가 다양해 보였고 모처럼 맛볼 중국요리 생각에 군침이 돌았다. 하지만 불길하게도 식당에는 손님이 거의 없었다. 기분이 갑자기 무겁게 내려앉았다. 잘못 온 게 아닐까. 한 명 두 명 음식을 가져와 먹는데 역시나 불길한 예감은 현실이 되어버렸다. 아이 어른 할 것 없이 비슷한 평가를 했다.

"윽. 이거 무슨 맛이야."

"음식에서 맛이 안 나는 것 같아요. 무맛."

음식은 한결같이 '무맛' 혹은 그냥 '기름 맛' 같았다. 연신 입속으로 음식을 넣었지만 표정이 점점 어두워졌다. 아이들은 열심히 먹지 않으면 잔소리를 듣게 되는 걸 알고 있는 듯했다. 억지로 포크를 손에 쥐고 있었지만 녀석들도 표정은 어두웠다. 고르는 메뉴마다 느끼했다. 애리조나의 공업용 기름으로 튀긴 것만 같았다.

무난한 입맛을 가진 나도 어느새 식성 까다로운 사람으로 변해 있었다. 미국에선 물만큼 흔한 콜라가 몹시 간절했으나 그랜드 캐니언을 향해 떠나야 하는 시간이 다 되었다. 중화요리와 중국요리는 엄연히 다르구나 깨닫고서 입도 헹구지 못한 채 떠날 수밖에 없었다.

고민하지 말자, 시간이 없다

여행 중 식사에 대해 고민할 여유가 없었다. 빡빡한 일정 때문에 늘 식당을 고르기란 쉽지 않았다. 우리에게 가장 손쉬운 옵션이 있었으니 바로 맥도날드였다.

①아버지와 둘이서 떠난 태평양 여행길 워싱턴주 호퀴엄(Hoquiam)의 한적한 맥도날드
②아들이 모든 것을 쏟아낸 네바다주 오아시스 도시 메스키트(Mesquite)의 번잡한 맥도날드
③포레스트 검프를 만나러 가기 전 모압(Moab)에서 먹은 맥도날드

이틀에 한 번씩 맥도날드를 선택했다. 인앤아웃 버거, 키바 커피하우스에서 먹은 샌드위치 등을 합치면 햄버거의 나라 미국에서 고칼로리 빵만큼은 원 없이 먹었다. 그 덕에 뜨거운 사막에서 매일매일 흘린 땀이 한 바가지였음에도 불구하고 체중은 한결같이 유지할 수 있었다.

포레스트 검프 포인트로 넘어가기 전 들른 맥도날드에서는

결국 아버지까지 푸념을 내뱉었다. 어쨌거나 맥도날드 덕분에 우리는 뼈만 앙상하게 남을 뻔한 위기를 넘길 수 있었다. 그런데 그 고마운 맥도날드조차도 한국에서 먹는 것이 훨씬 맛있었다. 아마도 한국에서 우리 입맛에 맞게 변형된 햄버거를 먹었기 때문인 듯했다. 미국 맥도날드 햄버거는 텁텁하고 딱딱했다.

그래도 미국까지 왔으니 서부의 카우보이가 된 듯 현지 음식만 먹으며 버티겠노라고 마음먹었지만 불가능했다. 며칠이 지나도 절대 만만하지 않던 미국 음식 때문에 우리는 매일 밤 마트에 가야 했다. 여행에서 조금씩 지쳐가던 나흘 차와 닷새 차 때 모압과 페이지에서는 미국 시골 마켓을 뒤져 음식 재료를 찾았다. 미국에서 '덜 미국스럽게' 아시아 요리를 만들어 먹는 것이 목표였다.

귀찮다고 투덜거리면서도 음식 재료를 구해왔다. 그렇게 가족들과 티격태격하며 밥을 만들어 먹던 당시 모습을 사진으로 남겨두었다. 모두의 표정이 그 어떤 때보다 밝고 행복해 보였다. 또한 그렇게 만들어 먹은 숙소 백반이 가장 맛있는 식사이기도 했다. 여행 중 분위기 전환을 위해서라도 숙소에서 직접 만든 음식은 꼭 한 번 먹는 게 좋다는 확신이 들 정도였다.

그러나 지친 몸으로 요리하는 것은 쉬운 일이 아니었다. 라스베이거스에서는 한국 식당에 세 번 갔다. 시애틀 공항과 포틀랜드에서는 일본 음식을 먹었다. 시애틀 시내에서는 여러 번

한식당을 찾아갔으므로 이번 여행 중 위장에 쌓인 음식의 7할은 아시아 음식이었다. 미국 음식에 어떻게든 적응했더라면 더 후덕해진 몸으로 귀국했거나, 모두가 앙상해진 채 돌아오지 않았을까.

페이지에서 들른 마트와 그날 저녁 식사. 시애틀 킹크랩 파티는 최고의 순간이었다.

엄마,
여행 잘 마쳤어요

- 미국 곳곳에서 느껴지던 엄마의 흔적

아무리 잊으려고 애써도 안 되는 일이 있나 보다. 엄마가 떠나던 그날의 기억이 그렇다. 미 서부 여행이 끝나갈 때쯤 엄마에 대한 기억은 오히려 더 선명해졌다. 엄마가 누워 있던 어두침침한 불빛의 병실 모습, 심장 박동이 멈추면서 들리던 시끄러운 소리와 임종 장면은 이상할 만큼 선명하게 남았다.

"아버님, 아드님. 환자 심장은 멈췄지만 아직 청각은 살아 있어요. 모두 한마디씩 하세요."

간호사가 달려오고 의사가 뛰어와 외쳤다. 이제는 시신으로 불리는 엄마를 바라보며 건넸던 말도 잊히지 않는다. 그 직후 의사의 사망 선고가 이어졌다. 텔레비전 드라마에서나 보던 사망 선고 시각이 의사의 입에서 흘러나왔다. 이불에 따뜻하게 쌓인 엄마를 이끌고 병원의 긴 통로를 따라 영안실로 향할 때에는 시간이 멈춰버린 것만 같았다. 누구보다 금슬 좋던 부모님이었다. 순식간에 혼자가 된 아버지가 쓴 편지를 입관식 때 대독하며 나도 그만 무너져 내렸다.

사시사철 꽃이 만발한
너른 정원을 가진 집에 살아라.
내도 그곳으로 찾아가마.
그곳에서 다시 만나기까지 그리 오래 걸리지 않을 거다.
부지런히 꽃씨를 뿌리고
햇볕이 쏟아져 들어오게 넓은 창을 만들어라.
내도 그곳으로 찾아가마.
그곳에서 다시 만날 때가 얼마 지나지 않아 올 것이다.

이번 여행은 엄마를 떠나 보내고 간 가족 여행이었다. 어느 땅을 밟더라도 엄마에 대한 그리움은 깊어져갔다. 이 여행에 병마를 이겨낸 엄마가 함께 왔더라면 얼마나 좋았을까. 함께 오지 못했고, 함께 여행한 적 없었고, 앞으로도 함께 여행할 수 없다는 현실이 후회스럽고 죄송스러웠다. 자식들 다 키워 유학까지 보내고 출가도 시킨 뒤, 끝까지 남편 뒷바라지하느라 숨 돌릴 틈도 없던 엄마. 결국 병마에 시달리다 세상을 떠난 엄마의 인생이 너무 가여웠다. 살아생전 잘하지 못한 못난 자식이 되었다는 자괴감이 나를 괴롭혔다.

여행 도중에도 엄마의 빈자리를 자주 느꼈다. 거침없이 직진하던 아버지를 조절할 유일한 사람은 엄마뿐이겠다는 생각이 자꾸 들었다. 저마다 고집 세고 개성 강한 우리 가족을 중재할 사람은 엄마밖에 없겠다는 생각에 울적해졌다. 부모님은 불과 5년 전에 미국 여행을 했던 터라 시애틀에서는 엄마의 흔적이 더욱 짙게 느껴졌다. 아주 오래전 미국서 살던 동네를 지날 때는 어딘가에 엄마가 앉아 있을 것만 같았다. 특히 시애틀의 퍼블릭 마켓에서는 몇 년 전 이곳에 엄마가 있었다는 생각이 들어 눈물이 저절로 흘러내렸다.

5년 전 미국 여행 때 아버지와 엄마는
파이크 플레이스 시장 생선 가게에서 즐거운 시간을 보냈다.

35년 전 우리 가족은 미국에 살고 있었다. 아버지는 30대 중후반의 학생이었고 엄마는 30대 초반의 유학생 아내였다. 누나는 일곱 살, 나는 다섯 살이었다. 지금의 내 가족과 연령대가 비슷했던 것이다. 그때 머나먼 타지에서 젊은 나의 부모는 어떤 마음을 가지고 살았을까. 궁금했으나 무뚝뚝한 아버지께는 들을 수 없는 이야기였다. 옛 시절 이야기를 전해줄 엄마가 안 계시다니 가슴이 아팠다. 아버지의 입에서가 아닌, 엄마의 말을 통해 그때의 추억을 나눌 수 없어 슬펐다. 특히 오리건의 포트 스티븐스 공원에서 아버지는 낮은 목소리로 자꾸만 추억을 더

35년 전 아버지 35세, 엄마 31세, 내 나이 5세 때 와봤다는 공원에서 먹먹해졌다.

듣었다.

"그래, 여기 맞는 것 같다. 여기야 여기……. 여기서 너희 엄마랑 누나가 라쿤을 보고 기겁했지."

어쩌면 엄마의 흔적을 가장 많이 감당하고 있을 아버지. 그러한 분께 이번 여행이 가슴 아픈 추억을 다시금 떠올리게 한 건 아닐까 싶어 죄송했다. 때때로 아버지는 차근차근 옛 기억을 정리하는 듯 보이기도 했다. 먼 하늘에서 엄마 혼자 외롭게 추억을 그리며 살게 되는 것은 아닐까 싶어 눈물이 흘러내렸다.

엄마가 가장 그리운 순간은 하루를 마치고 서로 이야기 나누던 숙소에서의 식사 시간이었다. 아이들의 웃음소리가 끊이지 않았고 누나와 매형, 아버지가 쉴 새 없이 이야기했다. 하지만 분위기 메이커였던 엄마의 목소리가 더해졌다면 더 즐거운 한때를 보냈을 것이다. 여행 중 늘 고역이던 식사 시간도 여장부 같던 엄마가 있었더라면 보다 쉽게 해결되었을 테고. 아버지의 기억으로만 복원되었던 35년 전 미국 생활 이야기는 엄마가 있었다면 더 많이, 더 사실적으로 다가왔을 텐데.

그렇게 여행 내내 엄마의 빈자리는 점점 더 커지기만 했다. 우리가 훗날 다시 여행을 떠나도 엄마는 그곳에 같이 있을 수 없다는 점이 가장 슬펐다. 우리 가족이 모두 함께 여행할 수 있는 유일한 방법은 다음 세상에서 만나는 방법밖에 없다는 사실이 싫었다. 여행이 마무리될 무렵, 죽은 엄마에 대한 그리움은 더 단단해졌다. 모든 게 아쉬웠지만 여행도, 아쉬운 마음도 이제 그만 정리할 수밖에 없었다.

'엄마, 우리 다시 만나서 오리건 포트 스티븐스 공원에서 라쿤 구경 같이해요. 엄마는 곁에 없었지만 아버지 모시고 즐거운 시간 보냈어요. 그립습니다. 아주 많이.'

귀국 선물은
111년 만의 더위

– 시애틀의 잠 못 이루는 마지막 밤

시애틀에서의 마지막 날 밤. 허전한 마음을 안고 시내 구경을 마쳤다. 저녁 식사를 끝낸 뒤 짐을 쌌다. 왠지 힘이 쭉 빠진 듯한 기분이었다. 여행하며 한국으로 돌아가고 싶은 마음이 든 적 많았지만 막상 다음 날 떠나야 한다니 허탈했다. 감당하기 힘든 추억을 두 손 가득 얻었는데 내일이면 모조리 내려놔야 할 것만 같았다. 한국에 남겨둔 가족들이 그리웠고 잠시 일을 내려놓은 회사 상황이 걱정되었지만. 다시 짐을 꾸리는 순간엔 모든 것이 아쉽기만 했다.

아이들도 마지막 밤이라는 것을 직감한 것일까. 어제 처음 만나 친해진 아이들처럼 거실에 모여 신나게 놀고 있었다. 형들의 영어 대화에는 아직 잘 끼지 못했으나 아들 녀석 표정이 어느 때보다 밝아 보였다.

차곡차곡 모은 선물과 기념품, 서부의 햇볕에 찌든 각종 물건을 30인치 대형 가방에 하나둘씩 포장했다. 그토록 악착같이 모았던 국립공원 볼펜도 정성스럽게 가방 한구석에 챙겼다.

그렇게 밤이 깊었다. 아버지는 이미 잠들어 있었다. 하루를 마무리할 시각이었지만 아쉬움 때문인지 쉽사리 눈을 붙일 수 없었다. 오늘이 있기까지 지난 1년간의 시간이 주마등처럼 스쳤다. 내일을 위해 억지로 눈을 감았다. 먹먹한 기운이 깜깜해진 방에 가득 퍼졌다. 건강한 아버지를 모시고 귀여운 아들의 손을 잡고 셋이서 다시 여행할 수 있는 기회가 또 올까. 잠을 청하려 했지만 점점 더 울적해졌다.

다음 날 아침 모두 함께 시애틀 공항으로 향했다. 네 번째 방문이라 제법 익숙했다. 귀국 편은 비행 시간이 조금 더 길기에 아들 녀석이 잘 버텨줄지 걱정되었다. 돌아간 다음 날부터 출근해야 한다는 직장인의 현실도 점점 피부에 와닿았다. 길게 늘어진 입국장 대기 줄을 보니 더욱더 긴장되었다. 항상 가이드 역할을 자처했던 누나 없이 혼자서 모든 것을 헤쳐나가야 했기 때문이다. 짐을 부친 뒤 탑승 전까지 우리는 작별의 시간을 마주했다.

모든 것을 내가 다시 진두지휘해야 했다. 무사히 돌아가야겠다는 생각이 강하게 들었다. 체력을 아끼기 위해 아들 녀석을 즉시 유모차에 태웠다. 이 녀석은 인사는커녕 형들이 선물한 로봇 장난감을 연신 만지작거릴 뿐이었다. 탑승 대기 줄에 휩쓸리면서 2주간 동고동락했던 여행 멤버들과 순식간에 작별 인사를 끝냈다.

돌아서는 누나네 모습을 보니 매형에게 너무 미안했다. 운전 몇 시간 했다고 끙끙 앓던 나와 달리 힘든 내색 없이 여행의 힘든 업무를 도맡아주던 매형. 그가 몸살이라도 앓게 되면 어쩌나 걱정되었다. 매형의 소중한 여름 휴가를 모두 뺏은 건 아닌가 죄송스러웠다. 분명 이번 휴가 때 홀로 조용히 시간을 보내며 생각하고 정리할 게 있어 보였는데 말이다. 지난 1년간 나와 함께 고민하며 여행을 준비한 누나의 뒷모습도 눈에 밟혔다. 마지막 남은 휴가 며칠까지도 모두 긁어모아 여행에 동참해준 것이 미안하고 고마웠다. 무엇보다 어른스러워진 조카들이 우리를 위해 방과 침대를 내줘서 가장 고마웠다. 이 녀석들과도 당분간은 이별이다.

아쉬운 듯 속 시원한 듯, 서로에게 작별 인사를 하고 우리 삼대는 뒤도 돌아보지 않고서 시애틀을 떠났다. 미국이라는 비현실을 떠나 현실로 돌아가는 길이었다.

여행이 진짜 끝났다

인천 국제공항. 오후 5시 30분. 걸을 수 없을 정도로 피곤했다. 공항에 내리자마자 텁텁하고 습한 공기가 뺨을 때렸다. 다시 한국이구나 실감이 났다. 불현듯 시애틀의 산들바람이 그리웠다. 공항에서 빌렸던 인터넷 접속 기기들을 모두 반납했다. 인천 공항에 조만간 다시 올 일이 생겼으면 하는 희망을 안고서 서울로 향했다.

나와 아들, 아버지는 각자의 집으로 돌아갔다. 아버지 혼자뿐일 곳으로 돌아가게 하다니 마음이 좋지 않았다. 언제나처럼 강한 척했으나 피곤한 기색이 역력한 아버지가 푹 쉬며 체력을 회복하길 바랐다. 다시 꼭 여행하자며 중얼거리는 아버지의 뒷모습을 오래 바라보았다.

마침내 집에 돌아왔다. 향수의 마음이 쏙 사라질 정도의 극한 더위가 기다리고 있었다. 서울시에서 기상 관측을 시작한 이래 111년 만의 최고 기온이 귀국 선물처럼 주어졌다. 그 선물은 반품하고 싶었다. 이 더위와 습기 속에서 어떻게 살아야 하나 싶을 정도였다. 그래도 2주간 불쑥 큰 듯한 딸 녀석과 아내는 절대 놓칠 수 없는 크나큰 선물이었다.

여행은 완전히 끝났다. 잘 마무리되어 다행이다. 같이 여행한 아버지와, 여섯 살 어린 나이에 미국을 경험한 아들에게 진심으로 고맙다.

에필로그

여행이 끝나고 책상 앞에 앉다

오늘은 월요일 아침. 귀국 1일 차. 무슨 일이 있었느냐는 듯 회사에 출근했다. 이른 시각 문밖을 나서니 덥고 습한 날씨에 적응이 안 되었다. 등에 땀이 주르륵 흘렀다. 그런데 여느 월요일 아침 출근 때와는 달리 몸이 가벼웠다. 아쉽게도 그 가뿐함이 오래 가진 못했다. 오후 세 시경이 되니 졸음이 쏟아져 죽을 지경이었다. 브라이스 캐니언 국립공원 밤하늘에서 쏟아지던 별처럼 눈앞에 졸음이 쏟아졌다. 도저히 견딜 수 없었다.

어찌어찌 퇴근 시간이 되었다. 밖은 아직 환했다. 그런데 내 몸 시계는 이미 새벽 두 시를 넘어가고 있었다. 광화문 길바닥을 기어가야지만 집에 돌아갈 수 있을 것 같아 택시를 탔다.

집에 들어서니 예상했던 대로 아들 녀석은 이미 꿈나라로 떠난 상태. 이 녀석은 오늘 하루를 어떻게 견뎠을까. 또 아버지는 어떻게 하루를 지냈을까. 궁금해서 연락을 하려는 찰나, 내 몸은 의지와 상관없이 침대 위를 허우적거리고 있었다. 술을 한 방울도 마시지 않고서 시체처럼 잠들어보기는 처음이었다.

어느덧 귀국 나흘 차가 되었다. 퇴근 후 정신을 잃어버리는 상황은 발생하지 않았다. 견딜 만했다. 며칠간 잃어버렸던 퇴근 후의 시간을 조금씩 되찾았다. 그럼에도 불구하고 시도 때도 없이 졸음은 찾아왔다. 초인적인 힘으로 정신을 차리고 컴퓨터를 켰다. 유에스비 포트에 카메라와 스마트폰을 차례대로 연결하고 미국에서 찍어온 사진을 옮겨 담았다. 잘 옮겨졌나 확인하고 싶었지만 눈 떠보니 나는 안방 침대 위요, 이미 출근 준비를 해야 할 시각이었다.

귀국 닷새 차에도 여전히 내 시간은 미국 기준이었다. 퇴근하고 집에 와보니 역시나 아들 녀석은 일찍 잠들었다. 피로를 버티고 버텨 컴퓨터 앞에 다시 앉았다. 어젯밤 컴퓨터로 쏟아낸 미국 여행 사진이 궁금했기 때문이다. 사진을 보니 잠깐 잊고 있던 여행의 기억이 영화처럼 한 장면 한 장면 되살아났다.

갑자기 눈이 번쩍 떠졌다. 마치 접신이라도 한듯이 여행의 기억을 글로 남기기 시작했다. 밤새 한숨도 자지 않고 여러 편의 글을 탈고했다. 그렇게 총 40부작의 글을 쓰겠다는 무모한 계획을 세웠다. 그 글을 모아 책을 만들고 엄마의 영전에 꼭 선물하리라 목표를 세웠다.

한 달 후에도 나는 여전히 매일매일 퇴근 후 여행 기록을 남기고 있었다. 초인적인 에너지가 생겨난 듯이 밤이 되어도 다음 날 출근을 해도 졸리지 않았다. 그런데 아무 반응을 얻을 수 없는 컴퓨터에 홀로 글을 적자니 조금씩 지겨워졌다. 누군가의 호응이 필요했고, 누군가에겐 내 글이 미국 서부 여행의 길잡이가 되면 좋겠다는 생각도 들었다. 글을 온라인 블로그에 옮겨 적었다. 그 해 12월 말, 블로그에 총 47개의 글이 업로드되었다. 연말에 회사 인사 이동 조직 개편, 또 다른 여행 등으로 집필 위기를 겪었지만 어쨌든 끝냈다. 모든 것을 기록했다.

또 이렇게 여행할 수 있을까. 세상에서 가장 터프했고 멋졌던 남자 셋의 여행. 멋진 여행보다 더 멋졌던 여행 멤버 아버지, 나, 아들. 삼대가 또다시 훌쩍 떠날 기회가 올까. 쉽게 오지 않을 거란 걸 잘 알고 있다. 어쩌면 아예 오지 않을 수도 있고 말이다. 가슴 한쪽이 아렸다. 이 글을 쓰며 여행의 기억을 한 땀씩 복원했다. 지난 수개월 동안 사진과 글을 보며 여행의 추억을 간신히 붙잡아두었다. 이제는 그 마침표를 찍어야 한다. 조금 슬프고 허전하다.

세상에서 가장 존경하는 아버지의 체력이 남아 있고, 나도 다시 여행을 떠날 여유가 생기며, 귀여운 아들 녀석이 더 자라

나를 멀리하기 전에 다시 기회가 오면 좋겠다. 더 멋진 여행을 떠나기 위해 말이다.

'미국 서부 여행을 떠나볼까?'라는 질문을 던져준 엄마의 죽음. 이 여행은 엄마가 세상을 떠나며 나에게 내준 숙제가 아니었을까. 그 숙제를 마치니 오늘 따라 엄마가 더 보고 싶다.